KB242907

佛池
불지

佛池 불지

초판 1쇄 인쇄. 2026년 3월 11일
초판 1쇄 발행. 2026년 3월 20일

저자. 성범중

펴낸곳. 도서출판 통도
출판등록. 2022년 10월 31일 제 538-2022-000016 호
주소. 경상남도 양산시 하북면 통도사로 108
전화. 055-382-7182
디자인. 비소울

ISBN 979-11-983970-1-0 03980

값 19,000원

佛池
불지

저자 성범중

도서출판 동도

머리말

필자가 천성산과 불지에 관심을 기울이기 시작한 시점은 20여 년 전이었다. 그때 한문학 속에 나오는 울산의 풍광과 풍류에 대해 공부하다가 반계 이양오의 〈중유원적산기重遊圓寂山記〉와 치암 남경희의 〈재유원적산기再遊圓寂山記〉를 만나면서 원적산(천성산)이 조선 후기 울산과 경주 지역의 선비들에게 큰 관심을 받은 유서 깊은 곳이라는 사실을 알았다. 오늘날 남부 지방의 명산으로 알려진 영남알프스 울주칠봉이나 부산 금정산을 유람한 기문을 발견하기 어려운 데 반하여 원적산 유람기는 심심찮게 발견되기 때문이었다.

그 무렵 필자는 3박 4일 동안의 원적산 유람의 행로를 자세하고 정확히 기록한 〈중유원적산기〉의 행적을 그대로 따라 산행을 즐기는 아내와 함께 천성산을 유람했다. 그러다, 200년 전의 선비들이 불지에 오르기 직전에 들른 '대둔점大芚店'의 위치를 찾지 못하고 길이 막히게 되어, 결국 아쉬움을 남긴 채 그 일정을 멈추고 말았다. 20여 년의 세월이 흘러 울산대학교에서 정년퇴직한 뒤 필자는 양산 통도사 서운암에 주석하고 계신 대한불교조계종 종정 예하 중봉 성파 대종사를 토굴에서 뵙고, 그분의 소년 시절 한시집 『온계시초溫溪詩抄』를 역주하는 인연을 맺었다. 그러다 천성산은 원효대사의 훈도로 득도한 일천 명 성인의 자취를 갈무리한 성산일 뿐 아니라 한국 근대의 대표적 선승 경봉 스님이 1920년에 이 산을 '신금강新金剛'으로 규정하고 그 당시의 승려와 문사로부터 한시를 모아 『신금강 내원사 시선』을 간행한 사실을 귀동냥으로 알게 되었다. 아울러 필자는 각종 문집에 수록된 시인 묵객의 천성산 유람 기록과 한시를 수집하고 검토하면서 그들의 천성산 유람 목적이 불지를 탐방하는 데 있었다는 사실을 확신하게 되었다.

2023년 6월 어느 날 최석영 교수와 함께 성파 종정 예하를 모시고 담화하는 자리에서 "지금으로서는 불지가 어디인지 정확한 장소를 알 수 없으나 각종 문헌의 기록을 바탕으로 탐색해 보면 그 장소를 찾을 수 있을 것 같습니다." 하는 취지로 불지를 찾아보고 싶다는 뜻을 밝혔다. 그때 큰스님께서는 '불지라는 석굴이 있으면 마땅히 찾아야 할 것'이라며 필자를 격려해 주셨다. 함께 자리한 최 교수에게 불지 탐사에 대한 협조를 요청하니 그도 기꺼이 동참하겠다며 적극적으로 힘을 보태 주었다. 이미 『통도사의 야생 버섯 1000』의 출간을 마친 뒤 다음 단계로 천성산의 야생 버섯에 관심을 가진 최 교수가 그날 이후 거의 매일 천성산 기슭과 골짜기를 답파하는 노력을 기울인 결과 그해 10월 1일에는 1850년 이후 문헌에서도 언급되지 않고 종적이 묘연해진 불지를 다시 찾아내는 성과를 거두었다. 이튿날 오전 불지 발견의 소식을 접한 성파 종정 예하께서는 그날 오후에 천성산 서북쪽 봉우리 8부 능선쯤에 자리한 불지를 함께 탐방함으로써 불지 재발견에 대한 관심과 기쁨을 몸소 보여 주셨다.

이런 과정을 거쳐 다시 찾아낸 불지이지만 그 옆에 있던 불지암은 없어진 지 오래되었으므로 그 유래와 의미의 탐색은 문헌자료에 의지할 수밖에 없었다. 각종 역사서와 지리지, 문집에 등장하는 자료를 찾아 정보를 종합한 결과 이제는 불지와 불지암의 면모와 그곳을 탐방한 기록의 전모를 대략 파악하게 되었다. 작년에 필자는 통도사 월간지 『축산보림』 1월-3월 호에 「새로 발견한 천성산의 불지와 불지암」을 연재하여 다시 발견한 천성산 불지의 개략을 소개하였다. 그러나 그것만으로는 불지와 불지암의 실체와 의미를 드러내기에 태부족하다고 판단하여 이번에 그 전모를 담은 책을 엮게 되었다.

이 책이 나오기까지 많은 분의 도움이 있었다. 그동안 필자에게 큰 격려와 도움을 주신 중봉 성파 종정 예하를 비롯하여, 불지의 재발견에 결정적 도움을 주고 현장 사진을 흔쾌히 제공해 준 최석영 교수, 양산시 하북면 순지리의 토박이로 통도사와 천성산에 대한 각종 사항을 설명해 준 김상걸 전 양산시의회 의장, 전국 단위의 천성산 걷기 축제를 주관하면서 이 산의 생태 정보를 제공해 준 양산도시문화연구원장 황윤영 박사께 특별히 감사드린다.

자그마한 이 한 권의 책을 만드는 작업의 진행 과정을 뒤돌아보니 그간의 감회가 길어질 뿐 아니라 역량의 부족을 실감하게 된다. 나름의 노력을 기울이기는 하였으나 이 책에 예기치 못한 원전 자료의 곡해와 해석의 독단이 개입하였을 가능성을 배제하기 어렵다. 강호 제현의 엄정한 질정을 바란다.

2026년 새봄에

영축산 아래 토굴 연구실에서

성범중 쓰다

목차

사진 및 그림

1부

총설 : 다시 발견한 천성산의 불지와 불지암[1)]

1. 불지와 불지암에 관한 기록

천성산(922m)은 경남 양산과 울산광역시 울주군 지역에 자리 잡은 명산으로, 신라 시대 원효 스님과 관련한 수많은 설화가 전해지며 포천산布川山·원적산(圓寂山·元寂山)·원효산元曉山·안적산安寂山·두성산斗聖山·소금강小金剛·신금강新金剛 등의 다양한 이름으로 불려왔다. 이 중 포천산은 『삼국유사』의 〈포천산 다섯 비구(布川山五比丘)〉에 등장하는 이름이고, 신금강은 1920년 내원사 주지 경봉 스님이 강원도의 금강산을 새로 대신할 산이라는 시각에서 명명한 것으로 그 의미가 경봉 스님의 「양산의 신금강」(『축산보림』 3호, 1920)이라는 글에 자세히 밝혀져 있다.

불지(佛池·佛地)는 천성산의 서북쪽 자락의 8부 능선쯤에 자

1) '총설' 부분은 통도사에서 간행하는 월간지 『축산보림』 2025년 1월~3월호(통권 518-520호)에 연재한 「새로 발견한 천성산의 불지와 불지암」의 내용을 약간 수정·보완한 것이다. 이 책의 내용을 요약한 것이기 때문에 불지와 불지암의 개략을 파악하는 데 유용하다고 판단하여 여기에 다시 수록하였다.

리 잡은 오래된 바윗굴로서 그 속에 늘 일정한 깊이의 황금빛 물이 있다고 하여 금수金水 또는 금수굴이라고도 불렸다. 이 굴은 『통도사 사적약록』과 『삼국유사』 등 고려 시대의 전적에 실려 있어서 그 연원이 매우 깊은 곳으로 알려져 왔다.

조선 시대의 『신증동국여지승람』(1530년) 「양산군」 〈불우佛宇〉에서 "불지사는 원적산에 있다. 절 북쪽 바위 벼랑 아래에 샘이 솟아 나오는데 그 색깔이 금과 같다." 하고, 『여지도서』(1757-1765년) 「양산군읍지」에는 "불지암은 원적산에 있다. 절 뒤쪽 바위 구멍 중에 샘이 있는데 사방이 서너 자이고 깊이가 반 자쯤이다. 마르지도 않고 넘치지도 않으며 그 색깔이 황금 같다. 가운데에 물고기 몇 마리가 노닌다. 지금 암자[불지암]는 헐렸으나 터가 남아 있다."라고 기록되어 있다. 고산자 김정호(1804-1866)의 『대동지지』와 『울산읍지』에도 불지 또는 금수라는 이름으로 실려 있으니, 이 암굴은 삼국시대로부터 근대까지 많은 사람에게 알려진 명소임이 분명하다.

역사서와 읍지 등의 공적 기록 외에 각종 문집과 일기 등의 사적 기록에도 불지가 자주 언급된 것으로 보아 이 암굴은 영남 지역에서 유명할 뿐 아니라 특히 굴속의 금빛 물은 약수로 소문이 났다. 울산의 이양오(1737-1811)는 〈금수해金水解〉에서 이 물은 서역의 화금和金에 해당하는 철액鐵液이므로 노화를 막는 효능이 있다고 하고, 추사 김정희(1786-1856)는 〈자오천子午泉〉에서 불지의 속은 온통 금가루여서 중국 섬서성 망천輞川의 금설천金屑泉과 같다고 하였다.

원주에 거주하는 선비 정시한(1625-1707)의 『산중일기』는 1688년 5월에 통도사와 원적산의 대둔사를 거쳐 불지암에 올라가서 이틀을 묵은 뒤, 원적암에서 하루 잔 뒤 다시 불지암에서 하룻밤을 지내면서 불지와 불지암의 면모를 그려낸 기록이다. 또 청주의 진사 오희창(1656-?)의 〈불지기佛池記〉는 1709년에 불지를 탐방한 기문이고, 성주 출신의 문신 도영하(1655-1734)의 〈유통도사기遊通度寺記〉는 현임 양산군수가 1710년에 통도사와 불지를 유람한 기행문이다.

유의건(1687-1760)의 〈불지설佛池說〉은 경주 출신의 진사가 불지를 답사하고 쓴 논설문으로 1678년에 그의 선친이 이곳에 들러 기문을 남겼다고 하여 부자가 대를 이어서 불지를 탐사한 사실을 알려 주고, 서석린(1710-1789)의 〈유불지기遊佛池記〉는 언양에 거주하는 진사가 1761년 7월에 불지를 유람하면서 1709년에 선친[휘諱 홍점]도 오희창과 함께 이곳을 유람한 사실을 언급하고 있다. 서석린이 이곳을 찾은 때에는 대둔사와 불지암은 모두 고색창연한 재가 되어 사라지고 불지와 금수만이 남아 있다고 하였다.

1800년 윤4월에는 울산 출신 선비 이양오와 경주 보문리에 거주하는 전 사간원정언 남경희(1758-1812), 경주의 용산서원장 임만제(?-?) 등이 3박 4일의 일정으로 산내 암자에 유숙하면서 원적산을 유람하였다. 그때 지은 이양오의 〈중유원적산기重遊圓寂山記〉와 남경희의 〈재유원적산기再遊圓寂山記〉는 그들의 원적산 유람 정황을 명확히 보여 주고 있다. 두 글 모두 제목에 '중유·재유'라는 말을 쓴 것은 각기 두 번째의 천성산 유람임을 밝힌 것이고, 그 일정 속에 모두 불지가 포함된 것은 불자뿐 아니라 유학자도 불지를 반드시 답사할 곳으로 인식하고 있었음을 보여 준다. 이양오의 첫 번째 유람 일시는 알 수 없으나, 남경희의 첫 번째 유람은 1792년 한겨울이고 동행자가 경주 양동 마을의 이헌전(1738-1804)임을 밝혀 놓았다.

조표(1807-1871)의 〈안적산기행安寂山紀行〉은 울산 출신 진사가 1852~1854년 사이에 안적산을 유람하고 쓴 것으로, 1834년 9월 보름께 언양현감 왕희택과 함께 성불암에 올랐다가 금수를 구경하였다는 내용이 들어 있어서 조표의 이 기행도 두 번째 원적산 유람임을 알 수 있다.

필자가 조사한 바로는 조표의 기행문 이후의 개인 기록이 확인되지 않았다. 불지를 읊은 한시도 울산의 이익만(1795-1870)과 경주의 한운성(1802-1863)의 작품 이후에는 더 이상 발견되지 않는 데서 불지 유람은 대체로 1850, 60년대가 연대기적 하한선으로 판단된다. 이후의 개인 문헌에 불지가 나타나지 않는 것은 그 시기가 바로 한국 사찰과 승려의 수난기였기 때문이다.

2. 불지 및 불지암의 형상과 의미

불지는 고려 시대까지 천성산의 불교 성지로 알려진 곳이었다. 그 뒤 숭유억불 정책에 따라 표면상 불교가 일반인으로부터 도외시된 듯 보이지만 내면으로 불교와 사찰에 대한 관심이 크게 줄어들지는 않았다.

불지로 가는 길

1950년대 무렵까지 천성산 불지로 가는 탐방객이 선택하는 길은 대략 두 가지였다. 곧 대둔사/대둔점[현재의 노전암 근처 자리]에서 남쪽 고개를 넘어가서 불지를 탐방하고 성불암으로 향하거나, 아니면 그 역방향으로 행로를 택하는 것이었다. 내원사 쪽에서 불지로 가는 이는 뒤쪽 코스를 택하였으나, 통도사나 울산 운흥사 쪽에서 접근하는 대둔사/대둔점 코스는 곧장 능선을 가로지르는 매우 가파른 길을 지날 수밖에 없었다.

"짧은 지팡이를 짚고 남쪽으로 절 문 밖에서 5백 걸음을 가니 시내였다. 시내 남쪽으로 한 걸음도 안 되는 곳에 산이 높이 서 있어서 제대로 볼 수 없는데, 땅에 새끼줄이 드리워진 한 줄기 길이 있었다. …… 맨 뒤편에 있는 몇 사람은 모두 매달려 끌어당기면서 올라갔다."(오희창, 〈불지기〉)
(*인용문은 번역문만 보이고 한문 원문은 생략함. 이하 같음.)

"개울을 건너 고개를 쳐다보니 험준한 고개가 얼굴을 마주하고 서 있었다. 열 걸음 걸을 때마다 한 번씩 쉬며 고개를 넘은 다음 남쪽으로 내려가다가 서쪽으로 가로질러 불지에 닿았다."(이양오, 〈중유원적산기〉)

이 설명처럼 대둔사에서 앞을 가로막은 능선을 넘어가려면 매우 가파르고 힘든 길을 올라야 했다. 이렇게 가파르고 힘든 길인데도 불구하고 가마를 타거나 말을 끌고 올라가는 경우도 있었다. 지금은 주로 내원사 매표소 주차장에서 노전암으로 가는 큰길로 가다가 우측 성불암 골짜기로 난 오솔길을 이용하는데, 이 길은 1960년대의 천성산 산판에서 목재를 운반하려고 만든 통로였다.

불지의 형상

불지는 깎아지른 듯한 거대한 석벽 밑에 있는 자연 석굴이다. 얼핏 보면 인공으로 판 것처럼 보이는 벼랑 속 웅덩이에 늘 일정하게 고여 있는 황금빛 액체인 금수金水는 신비감을 주는 존재였다.

(1) 석굴의 모습

불지는 다른 곳에서 찾기 어려운 특이한 외양과 금수의 영험으로 인하여 천성산 탐방객이 거의 빠짐없이 소개하는 대표적 명소였다.

> "금수는 석굴 속에 있는데 너비가 몇 칸가량이었다. 앞쪽에는 구멍이 창문처럼 있고, 물 표면은 황금빛이 휘황찬란하여 눈을 어지럽혔다."(정시한, 『산중일기』)

> "이[불지암]로부터 서쪽으로 10보를 가니 바위 아래에 남쪽을 향한 구덩이 하나가 있는데 참한 석실이었다. 사람 수십 명이 들어갈 수 있고, 지척[指尺, 손가락을 기준으로 삼은 자로 19.5cm 내외] 열 개를 세울 만하였다."
> (오희창, 〈유불지기〉)

> "(암자 터의) 서쪽 끝에 바위 구멍이 있는데 너비가 대여섯

내원사 매표소 주차장 쪽에서 본 불지 원경(원 표시 부분)

자이고 높이가 서너 자였다. 가운데에 샘물이 있는데, 근원이 없고 새는 데가 없는데도 장마에 불어나지 않고 가뭄에 마르지도 않으니, 이곳이 불지였다. …… 한낮이 되면 황금색의 액즙이 바위 구멍에서 나와 굴 가운데에 퍼져 가득하다가 해가 질 때쯤에 비로소 걷히므로 이 때문에 금수라고도 하였다."(도영하, 〈유통도사기〉)

"그 산은 깎아지른 듯 일천 자 높이로 서 있지만 실제로는 하나의 큰 바위였다. 못도 바위 가운데서 나온 물인데, 그 빛깔이 아래쪽은 옥색이고 위쪽은 금빛이다. 그 근원은 솟아나지 않고 저절로 떨어지는데 마시면 매우 맑고 차며, 물은 가물어도 넘치거나 줄어들지 않는다. 바위 속에 쇠가 있고 쇠 속에 액체가 있으며, 액체가 쌓여 못이 된 것으로 생각된다. 못의 물에 금빛이 있게 된 것은 이치가 참으로 그러한 것이다."(이양오, 〈중유원적산기〉)

"그 구멍에는 물이 있는데 수원이 있지도 않고 흐르지도 않았다. 다만 방울방울 아래로 떨어지는 것이 보였으니 이른바 불지였다. 땅에 가득하게 노란 금이 깔린 듯하여 매우 괴이하였다."(남경희, 〈재유원적산기〉)

이처럼 불지의 형상에 대한 묘사는 따로 설명이 필요하지 않을 만큼 구체적이다. 그 기이한 모습을 목격한 이들은 각자의 시각에서 그 신비로움을 그려내고 있다. 특히 황금빛 액체인 금수의 빛깔과, 항상 일정하게 유지되는 수량에 관심이 많았다.

(2) 금수와 그 효능

불지에 고인 황금빛 액체인 금수는 빛깔뿐 아니라 탁월한 효능의 약수로 알려져서 많은 주목을 받았다.

"맑은 샘물이 석실 가운데서 생겨나서 거울 면 하나를 열고,

반 자 길이의 나무를 적시고 있으니 정녕 새지 않는 하나의 물동이였다. 그 색은 드맑고 그 맛은 차가워서 신선의 음료일 수밖에 없었다."(오희창, 〈불지기〉)

불지 내부에서 본 바깥 모습

"굴은 한 칸의 석실로 서쪽에 뚫은 듯한 문이 있고 가운데에는 맑은 샘물이 있어서 문턱까지 그득하지만 본디 솟아 나오는 근원은 없다. …… 어떤 이는 '햇빛이 만약 돌 사이의 물에 비치면 햇살에 비치는 것이 어찌 한계가 있겠는가?' 하고, 어떤 이는 '금이 아래에 있어서 기운이 물로 쏟아져 나온다.'고 하지만 과연 어떻게 기운에 형상이 있겠는가?"

(이양오, 〈금수해〉)

금수는 황금빛의 영험한 약수로 인식되어 신비감을 자아내는 대상이었다. 그 정체에 대한 궁금증이 많은 이양오는 이 물이 인도에서 말하는 화금和金으로서 젊음을 회복하는 명약인 철액鐵液이라고 확신하였다.

> "나는 일찍이 그곳을 찾아가서 보고 매우 괴이하게 여겼다. 그 뒤에 우연히 의학 서적을 보니 철액법이라는 게 있는데, 이것은 참으로 늙음을 물리치는 처방이어서 장차 시험해 보려 하였다. 또 어떤 늙은이가 철액을 마신 지 반년 만에 다리가 튼튼해지고 양기가 세어졌을 뿐 아니라 쇠 같은 소리가 나고 침이 맑아졌으며, 마시는 그릇도 물이 들어 황금색이 되었다고 하였다. 나는 그 말을 듣고 비로소 금수가 또한 철액인 것을 깨달았다."(이양오, 〈금수해〉)

금수의 효능은 추사 김정희도 〈자오천子午泉〉 시에서 언급하면서 "굴속이 온통 금가루여서 저 망천의 금설천과 서로 같은 듯하다."라고 하였다. 금설천은 당나라의 시인 왕유(699-760)가 살던 섬서성 남전현 망천의 샘 이름이다. 그는 「망천이십경輞川二十景」 중 〈금설천〉에서 "매일 금설천의 물을 마시니, 젊어져서 마땅히 일천 년을 넘게 살리라."라고 하였다. 김정희는 금수가 젊음을 회복해 준다는 의미에서 효능이 이양오가 언급한 철액과 같은 것으로 판단하였다.

또 금수의 황금빛 색채는 아름답고 신기한 변화를 보여 주었으니 그 기묘한 모습은 다음과 같았다.

> "날씨가 화창하고 기운이 따사로워져서 석실 입구에 햇살이 비치면 물 색깔은 노란빛이 떠오르고 절로 넘실거리는 지경에 이르러서 맺히면 금 거품이 되고 퍼지면 금물결이 되었다. 합쳐지면 큰 잎의 금 꽃술이 되었다가 간혹 금 국화처럼 작아지기도 하고, 합쳐진 것이 흩어지면 간혹 금실처럼 가늘어지며, 흩어진 것이 합쳐지지 않으면 간혹 점점이 금가루를 뿌린 것처럼 되었다가 뜬 것이 합쳐지려 하였다.

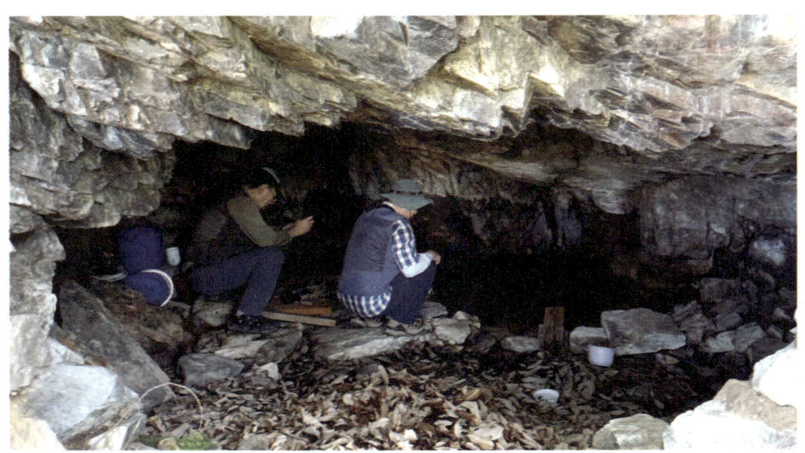

널찍한 불지의 내부 모습

그러나 잔에 담으면 금물이 아니고 움켜쥐어도 꽃이 아니지만 담은 것을 엎으면 다시 금물이 되고, 움켜쥔 것을 되돌려 놓으면 다시 꽃이 되니 그 이치를 헤아릴 수 없었다."

(오희창, 〈불지기〉)

"다만 물 색깔에 노란색이 떠서 형상이 있음을 조금 느낀다. 합치면 금종이가 되고 나뉘면 금 국화가 되며, 가늘디가늘어서 금실이 되었다가 점점이 흩어져서 금가루를 뿌려 놓는 것처럼 된다. 가물면 노란색이 짙어지고 장마가 들면 문득 옅어진다."(이양오, 〈금수해〉)

황금색 빛깔의 금수

두 인용문은 금수에 뜬 황금빛 색깔에 초점을 맞추고 있다. 앞의 글은 물 표면에 펼쳐지는 휘황한 변화를 하나하나 짚으면서 그려내는 솜씨가 탁월할 뿐 아니라 빛깔의 미묘한 변화를 잘 포착하고 있다. 그 신비한 현상에 매료된 작자는 손으로 황금빛 물을 한 움큼 쥐었다가 놓는 실험을 감행한다. 그 결과 그 문양에 대한 작은 훼방꾼으로서의 손장난도 그 동작이 끝나는 순간 원래의 상태로 돌아가는 현상을 보여 주고 있다.

뒤의 글은 묘사가 짧기는 하지만, 물 위에서 벌어지는 금가루의 운동이 금종이에서 금 국화로 변했다가 다시 금실에서 금가루로 회귀하는 과정을 명징하게 그려내고 있다.

(3) 석굴 뒤쪽 석벽과 앞 평지

불지 뒤편의 깎아지른 듯 솟은 석벽과 앞쪽의 평평한 공터는 위태로움과 안정감을 동시에 주는 장소였다. 쳐다보면 까마득하게 솟은 수직 석벽만 바라보이는 만큼 아래편에서 보면 크게 위압감이 느껴지는 곳이었다.

"석굴 앞은 매우 편평하고 넓어 가히 사람 백여 명이 앉을 만하였다. 다만 바위의 형세가 너무 위태롭고 두렵게 억눌러서 마음이 편치 못하였다. 암자가 자리하고 있는 곳도 몹시 좁았으나 매우 맑고 깨끗하여 신선이 사는 곳 같았다."(정시한, 『산중일기』)

불지암의 형상

불지암은 고려 시대의 기록인 『통도사 사리가사 사적약록』 중 대둔사의 성전聖殿과 부속 암자를 정리한 〈원적산 대둔사〉 '불지암'에 "석굴에 금수가 사철 항상 떠 있다."라고 소개되어 있다. 오희창의 〈불지기〉(1709년)에서는 암자가 실재한다고 하고, 도영하의 〈유통도사기〉(1710년)에서는 암자가 없어졌다고 한 것으로 보아 불지암은 이 무렵에 퇴락하였음이 분명하다. 다음 기록은 불지암의 실제 모습을 보여 준다.

> "남쪽 산허리 한 모퉁이를 내려가니 땅에 드리워진 한 짧은 날개 같은 처마가 나타났다. 그 아래에 있는 암자는 방 한 칸, 마루 한 칸, 부엌 한 칸으로 나뉘고 지붕은 반쪽씩 기와와 너와로 덮여 있는데, 너와는 그 바위 위에 있었다. 이에 그 문을 여니 단청 아래에 반 길쯤 되는 황금 부처 몸체가 마치 살아 있는 듯하고 창과 벽은 깨끗하여 한 점 티끌이 없었으나 다만 승려가 보이지 않았다. 대체로 양곡을 끊고 도를 배우는 자가 아니면 기거할 수 없다고 할 것이었다."
>
> (오희창, 〈불지기〉)

불지암은 방과 마루, 부엌으로 된 세 칸짜리 집으로서 단청이 깔끔하고 내부에 반 길쯤 되는 황금 불상을 안치하였다. 지붕은 너와와 기와가 반쯤씩 덮었으니, 후방의 바위에 닿은 부분은 너와를 얹고 전방의 앞쪽으로 뻗어 나온 부분은 기와를 인 형태였다.

정시한의 『산중일기』(1688년)에서 4명의 수좌(석겸·사철·초성·경순 스님)이 거주한다고 하고, 오희창의 〈불지기〉(1709년)에서 금수만 마시면서 5년 동안 수도한 묘정 스님의 소식을 전하고 있는 것으로 보아 불지암은 선승禪僧의 수도 도량이었음이 분명하다.

불지 관련 전설

17세기 후반부터 18세기 전반에 걸쳐 불지를 탐방한 유태서(유의건의 양부), 정시한, 오희창, 도영하 등은 물속에 물고기가 있다고 기록하였다.

> "물고기 여섯 마리가 노닐고, 물속은 밝고 깨끗하여 다른 잡다한 티가 없었다."(정시한, 『산중일기』)

> "코 밑 수염이 서릿발 같은 스님이 '예전에 물고기 한 쌍이 있었는데, 백 년 전에 물새가 그중 한 마리를 엿보아 물고서 숲을 지나가다가 갑자기 천둥 벼락을 맞았답니다.' 하였

다."(오희창, 〈불지기〉)

"모양이 시내의 물고기 같은 것들이 때때로 나와서 놀다가 사람을 보고 숨어서 피하니 아, 또한 기이하였다. …… 옛날에 물고기 세 마리가 있었는데 한 마리를 물까마귀가 숲의 나무 위에서 먹다가 천둥이 울리고 벼락이 쳐서 죽었으므로 다만 물고기 두 마리가 남았다고 하였다."

(도영하, 〈유통도사기〉)

"지난 무오년(1678)에 나의 선친이 여기에 놀러 와서 역시 기문을 남기셨는데 '노니는 물고기가 적당한 장소를 얻어서 큰 놈은 거의 반 자쯤이나 된다.' 하였으니, 그 수가 한두 마리에 그치지 않았음을 알 수 있다. 그리고 오 씨의 기문에 또 이르기를 '예전에 물고기 한 쌍이 있었는데, 백 년 전에 물새가 그중 한 마리를 엿보아 물고 숲을 지나가다가 갑자기 천둥 벼락을 맞았답니다.' 하였는데 이 말은 망령된 것이다. 가령 부처님의 신령함이 있다고 하더라도 어찌 물새가 못 물게 하지 않고 꼭 물고 가기를 기다린 뒤에야 천둥과 벼락이 치도록 하였겠는가?"(유의건, 〈불지설〉)

불지에 사는 물고기 설화의 진가眞假에 대하여 대체로 중립적

입장을 견지하고 있지만 유의건은 그것이 합리성에 어긋난다는 점을 지적하고 있다. 이런 시각의 차이는 설화의 합리성 여부를 판단하는 데 개인차가 있음을 보여 준다.

불지에 대한 후일담

불지에서 그다지 멀지 않은 양산시 하북면 용연 마을에서 태어나서 거주하는 이세열(65세) 씨에 의하면, 불지 뒤쪽 바위의 기운이 세다는 믿음에 따라 그 기운을 받고자 1980년경까지 고시를 준비하는 학생들이 공부하던 장소로 사용되었으나, 그곳에 불이 나는 바람에 학생들이 더 이상 거주하지 않게 되었다고 한다.

3. 불지를 제재로 한 한시

지금까지 불지 관련 문헌 자료 검토, 그 재발견 과정, 불지 및 불지암의 형상과 의미에 대해 살폈으므로 이제 불지 관련 정감과 감회를 담은 한시를 고찰할 차례이다. 한시는 본디 정감 중심의 개인 문학 양식이므로 시적 제재, 곧 그 대상을 점검하는 객관적 자료로 활용하기 어려운 게 사실이지만, 오히려 그 대상이 되는 불지와 불지암의 의미를 감성 차원에서 이해하는 데 매우 긴요한 자료가 된다.

특히 근체시는 제재가 정해지면 일반적으로 그 내용이 사적 경험이라는 특수한 감성 이외에는 주어진 환경 요소에 따라 결정되는 경향성을 띠게 마련이다. 필자가 확인한 조선 시대 시인 십여 명의 불지 관련 한시는 대체로 불지에서 바라보는 풍광, 불지로 가는 길, 불지의 형상(석굴의 모습, 금수와 그 효능, 석굴 뒤쪽 석벽과 앞 평지), 불지암의 형상, 불지와 관련된 물고기 전설 등을 주요 모티프로 하고 있다. 이들 중에서 대표적 한시 몇 수를 연대순으로 살펴보기로 하겠다.

김재현, 〈양산군수와 함께 불지사를 찾다. 2수(同梁山倅尋佛池寺 二)〉

골짜기 속에서 가마가 더디다고 싫어하지 마라.
울퉁불퉁한 돌부리에 걸음걸음이 위태롭네.
티끌세상의 번잡한 마음을 오늘 씻으려고
열린 바위 구멍에 앉아 황금 못을 굽어보네.

황금빛 사찰 몇 칸이 바위 주변에 기대어 있고
한 늙은 스님이 손님을 맞으며 종을 울리네.
이번 생에 덧없는 세상과의 인연이 다하지 않아서
도로 복된 땅에서 돌아가는 발길을 재촉하네.

(작품의 인용은 한시의 번역문만 보이고 원문은 생략함. 이하 같음.)

1667년에 쓴 김재현(1627-1700)의 이 시는 그가 양산군수 채지연(1611-1693)과 함께 불지사에 올라가서 느낀 감회를 담고 있다.

앞의 작품은 가마를 타고 가는 여정이 울퉁불퉁한 바위로 된 길이기 때문에 속도가 더딜 수밖에 없다고 한 뒤, 속세의 번잡한 마음을 씻으려고 뚫린 바위 구멍에 앉아서 황금색 금수가 담긴 못을 굽어보는 시인의 행동을 보여 주고 있다. 불지를 찾아가는 여정이 결코 순탄하지 않은 길이었다. 당시에 불지를 찾아가는 여정은 대체로 대둔사[현재의 노전암 자리에 있던 절]를 지나 눈앞을 가로막는 큰 능선을 곧장 똑바로 올라가는 가파른 길이었으므로 매우 고통스럽고 험난한 과정이었다.

뒤의 작품은 바위 주변에 기대어 선 몇 칸짜리 작은 사찰에 늙은 선승이 종을 울리며 시인을 맞이하는 모습을 제시한 뒤, 다하지 않은 속세와의 인연 때문에 다시 복된 땅에서 돌아가는 발길을 재촉할 수밖에 없음을 안타까워하고 있다. 어렵게 찾아온 불지와 불지암이지만, 속세와의 인연을 끊지 못한 까닭에 금방 세속을 향한 발걸음을 재촉하여 떠날 수밖에 없는 아쉬움을 담고 있다. 시인은 불지와 불지사를 티끌세상과 떨어진 별천지이며 복지로 여기고 있다.

오희창, 〈불지사에서 짓다(題佛池寺)〉 2수 중 둘째 수

신선이 내 손을 잡더니
"왜 이리 늦게 오셨소?" 하기에
"인간 세상의 홍취가 미진하여
안개 낀 물가에서 배 타고 낚시했지요." 하였네.

1709년에 쓴 오희창(1656-?)의 이 시는 원적산의 신선과 시인이 나눈 대화의 형식으로 되어 있다. 시인의 손을 잡은 신선이 왜

불지에서 바라본 서쪽 풍광

이리 늦게 왔느냐고 묻자, 시인은 인간 세상의 홍취가 미진하여 안개 낀 물가에서 배를 타고 낚시하느라고 늦었다고 답하고 있다. 시인은 세속에 남은 미련 때문에 이 선경 속에서 생활하지 못하는 처지임을 보여 주고 있다. 이것은 역설적으로 불지 일대가 선경의 별세계임을 천명한 것이다.

권이진, 〈축서산과 원적산 두 산에 가서 퇴계의 운을 써서 본 바를 기록하다(遊鷲栖圓寂二山 用退溪韵 記所見)〉

……(전략)……

돌아오는 길에 원적산이 눈에 들어오는데
삼나무와 넝쿨, 돌벼랑이 어디나 마찬가지네.
옛 절에서 밥 먹고 낮잠 잔 뒤 불지에 오르니
조화造化가 황홀하여 시종일관 아득하기만 하네.
물이 가득한 벼랑 집에 지게문 하나를 뚫고
가운데는 신령한 공력을 쏟아 금가루를 깔아 놓았네.
또 햇살 은빛으로 빛나는 진흙이 있으니
광채가 번쩍여서 눈이 몽롱해지네.

……(하략)……

1710년 9월에 지은 권이진(1668-1734)의 이 시는 통도사에서 돌아오는 길에 들른 원적산과 불지에 대한 감상을 기록한 것으로, 대둔사에서 낮잠을 잔 뒤 남쪽의 험준한 능선을 넘어 찾아간 불지의 황홀한 조화를 드러내고 있다. 불지의 모습에 대해 물이 가득한 벼랑의 집에 지게문 하나가 뚫려 있으며 그 가운데는 금가루가 깔려 있다고 하였다. 햇볕을 받아 은빛으로 빛나는 진흙은 광채가 번쩍여서 눈이 몽롱해질 지경이라는 것이다.

손덕승, 〈양산군수 한택지, 황산승 여천경과 함께 불지 골짜기 어귀에서 노닐다(同梁山倅韓澤之 黃山丞呂天卿 遊佛池洞口)〉

좁은 언덕의 꽃 수풀은 붉은 비단을 펼치는데
시내를 따라 10리를 가니 길이 기울어 비스듬하네.
이 가운데 문득 속된 맛이 없음을 깨닫지만
불국토의 신선 집에서 어찌 금빛 물고기를 기르는가?

1711년에 지은 손덕승(1659-1725)의 이 시는 양산군수 한옥(1649-1718), 황산승 여명거(1666-1719)와 함께 불지 골짜기 입구에서 노닐며 쓴 것이다.

작품 끝에 "고을 북쪽 삼십 리 절벽 아래에 불지가 있는데, 돌문이 천연으로 생겨서 사람이 출입할 수 있다. 그 가운데 깊이가 2자쯤 되는 물이 있고 문까지는 1자가 되지 않는다. 놀며 헤엄치는 작은 물고기 서너 마리가 있다."라고 하는 주석이 붙어 있어서, 불지에 대한 몇 가지 정보를 알 수 있다. 곧 절벽 아래에 있는 불지에는 천연으로 만들어진 돌문이 있어서 사람의 출입이 가능하며, 못 가운데 부분은 물 깊이가 2자가량이고 물과 돌문 사이가 한 자도 되지 않는데 그 속에는 작은 물고기 서너 마리가 놀고 있다는 것이다.

시의 내용은 전반부에서 좁은 언덕에는 꽃 숲이 붉은 비단을 펼친 듯하고, 시내를 따라 십 리를 가니 길은 비스듬하다고 하여, 봄철의 산꽃이 울긋불긋 비단 숲을 이룬 듯 아름다운 산등성이를 보면서 십 리쯤 되는 구불구불한 시내 길을 따라가는 시인의 모습을 보여 주고 있다. 후반부에서는 이런 선경 속에서는 문득 속세의 맛이 없음을 깨닫는데, 왜 이런 곳에서 물고기를 기르는지 의아한 느낌이 든다는 생각을 드러내고 있다. 높디높은 바위산의 8부 능선에 자리 잡은 불지인 만큼, 그곳에 자생하는 물고기가 없는 게 분명한데 어찌하여 이곳에서 물고기를 기르는지 그 이유가 궁금할 수밖에 없다. 이러한 생각은 앞에서 살펴본 유의건柳宜健의 〈불지설佛池說〉에서 불지에 물고기가 있는 데 대해 의문을 표시한 것과 같은 범주의 궁금증이다.

손덕승, 〈불지佛池〉

딱딱한 바위의 한 구멍이 신비하고 영험한데
청명한 기운이 일천 년 동안 맑음을 빛네.
물구멍이 산에서 열리니 약수를 뜰 수 있고
구리 소반이 새벽에 싸늘하니 이슬이 막 가득 차네.
황금빛 모래와 밝은 햇살이 뜰 안에 깔리면
수은과 단사丹砂가 솥에서 이루어지네.
나는 그것을 마셔서 불사신不死身이 되고 싶은데
선가禪家에서는 불지라고 부르는구나.

1711년에 지은 이 시는 우선 딱딱한 바위에 생겨난 한 구멍이 신비하고 영험한데 청명한 기운이 수천 년 동안 맑음을 빚는다고 한 다음, 산에 열린 물구멍에서 약수를 뜰 수 있으며 새벽에 싸늘한 구리 소반에 이슬이 막 가득해짐을 지적하고 있다. 또 황금빛 모래와 밝은 햇살이 뜰 안에 깔리면 수은과 단사로 빚은 단약이 이루어지므로, 시인은 그것을 먹고 불사신이 되기를 바라고 있는데 그 까닭을 참선하는 사람들이 불지라고 부르는 데서 찾고 있다.

이만부, 〈금수굴金水窟〉

까마득한 봉우리를 하늘에 매달려 올라가서
그윽한 구역을 제멋대로 찾아가네.
문득 서 있는 옥 덩이에 기댈 수 있거늘
어찌하면 물에 뜬 황금을 엿볼 수 있는가?
안개를 마시노라니 숨은 용이 일어나고
바위에 걸터앉으니 엎드린 귀신이 근심하네.
내 몸이 얼마나 높은 곳에 있기에
나막신 바닥에 얼어붙은 구름이 흘러가는가?

1727년 겨울에 쓴 이만부(1664-1732)의 이 시는 한겨울에 찾아간 불지(금수굴)의 기이한 경관과 황량한 분위기를 담고 있다.

천성산 중앙능선에서 바라본 불지 뒤편 바위(정면)
※우측 안부(鞍部)가 대둔사[현재의 노전암]로 통하는 고개이다.

수련은 대둔사에서 바라보면 까마득한 봉우리를 하늘에 오르듯 매달려 올라가서 그윽한 곳을 마음대로 찾아가는 시인의 모습을 담고 있다. 함련과 경련은 불지 주변의 깎아지른 듯한 옥 덩이, 곧 높다란 바위에 기댈 수 있을 뿐 아니라 황금빛 금수를 보게 된 것을 기뻐하는 마음을 드러낸 뒤, 자욱한 안개 속에 있으니 골짜기에 숨은 용이 일어나는 듯하고 바위에 걸터앉으니 골짜기에 잠복해 있던 귀신이 근심에 빠진다고 하여, 스산한 분위기의 겨울 산을 보여 주고 있다.

이런 정황을 바탕으로 미련에서는 자기가 얼마나 높은 곳에 와서 자연의 변화를 관찰할 수 있는지를 발바닥 아래로 흘러가는 얼어붙은 구름을 보고서 알게 됨을 말하고 있다. 겨울에 찾아간 불지(금수굴)의 신비로우면서도 음산한 모습을 본 시인의 스산한 마음이 잘 드러나고 있다.

유의건, 〈불지에서 출발하여 대둔사에 이르다. 구호(自佛池至大芚 口號)〉

누가 큰 도끼로 층진 산을 깎아서
영롱한 골짜기를 면면이 둘렀는가?
위태로운 비탈을 밟을 때는 두 다리가 떨리고
높은 바위를 올라간 곳은 두 눈동자가 넓어지네.
구름 속에 문이 아득하니 하늘 세계로 통하는데
돌 사이로 돌아드니 인간 세상과 멀어지네.
사흘 동안 산중에서 속된 생각이 끊어져서
승려를 만나 이야기하느라 돌아갈 줄 모르네.

유의건(1687-1760)의 이 시는 불지를 출발하여 대둔사로 가는 길에 지은 구호口號로서, 기이한 경관과 험한 길을 가면서 느낀 심회를 드러내고 있다. 수련에서 기이하기 그지없는 층진 산의 모습을 개관한 뒤, 함련에서는 위태로운 비탈을 밟을 때의 두려움과 높은 바위에 오른 뒤의 탁 트인 경관에서 오는 상쾌한 느낌을 담아내고 있다. 경련에서는 아득한 구름 속의 문은 하늘 세계로 통하는 듯하고 돌 사잇길을 돌아드니 인간 세상과 절연된 듯한 느낌이 듦을 표현한 뒤, 마지막 미련에서는 산속에 들어와 머문 사흘 동안에 속된 생각이 없어져서 만나는 스님과 나누는 선담禪談에 돌아갈 줄을 모르는 시인의 정황을 보여 주고 있다.

이준민, 〈금수굴. 조경행의 시에 차운하다. 2수(金水窟 次曺敬行韻 二首) 중 첫째 수〉

광대한 곳을 참 신령이 창조하니
동남 지역에서 으뜸가는 산봉우리로다.
겹친 산은 옥을 깎은 듯하고
넘실거리는 물은 황금이 뜨네.
구름이 머무니 하늘이 가깝고
천둥이 울리니 낮이 음산해지려 하네.
10년 전부터 바위 아래에 살고 싶었는데
이곳을 마주하여 문득 깊이 생각해 보네.

이준민(1736-1799)의 이 시는 시인이 불지(금수굴)에 가서 동행한 조경행의 시에 차운한 것이다. 천 명의 성인이 배출되었다고 전하는 천성산(원적산)에 이제 와서 옛 설화의 현장인 봉우리를 보게 된 사실을 지적하면서 시작한다. 높은 바위와 푸른 하늘, 솟아나는 샘물은 황금빛을 띠는데, 수많은 봉우리 속에서 비를 맞으며 서 있는 시인과 빽빽한 숲의 그늘 속으로 돌아가는 스님의 모습을 제시하고 있다. 마지막에서는 석양 속의 무한한 풍광을 시로 읊어 전달해 주는 시인의 모습을 보여 주고 있다.

남경희, 〈성불암에서 쉬고 금수굴을 관람하다(憩成佛庵 觀金水窟)〉

깎아지른 돌 비탈을 더위잡고 올라 그윽한 곳을 찾다가
인가의 연기를 굽어보며 깊지 않음을 걱정하네.
옛 불상은 거칠고 썰렁하여 바위로 집을 삼는데
조화옹은 신령하고 괴이하여 물에서 황금이 생기게 하네.
위태로운 꼭대기가 바로 하늘을 떠받치는 형세를 짓는데
높은 곳에서는 오로지 속세와 인연을 끊으려는 마음을 품네.
어떻게 하면 속세의 너저분함을 다 없애고
이 사이에 청아하게 앉아 세월을 보낼 수 있으랴?

1792년 겨울과 1800년 윤4월에 원적산을 유람한 남경희(1758-1812)의 이 시는 첫 번째 원적산을 유람하던 중 성불암에서 쉬고 나서 불지, 곧 금수굴을 관람한 사실을 증언하고 있다. 수련에서 깎아지른 듯 험한 돌 비탈을 올라가서 그윽한 불지를 찾다가 막상 불지에 올라 멀리 바라보이는 인가의 연기를 굽어보면서 오히려 더 깊은 산속이 아님을 걱정하는 모습을 보여 준 뒤, 함련에서 거칠고 썰렁한 부처는 바위로 집을 삼는데 신령하고 괴이한 조화옹은 물에서 황금이 생기게 한다고 하여 불지에서 느낀 감상을 담고 있다. 경련에서는 불지 뒤편의 하늘을 떠받치는 듯한 바위의 위세에 놀라면서 이 높은 곳에서 속세와 인연을 끊고 싶은 마음이 생겨남을 고백하고 있다. 미련에서는 청정한 세계에 들어온 만큼 너저분한 속세의 때를 벗어 버리고 이곳에서 청아하게 세월을 보내기를 바라는 희원希願을 드러내고 있다.

이 시는 속세의 번잡한 일들에 시달리다가 수려한 원적산의 청정한 암자를 거쳐 불지에 온 시인이 너저분한 속세를 벗어나서 살고 싶다는 생각이 드는 모습을 보여 주고 있다.

남경희, 〈불지佛池〉

맑고 화창하여 좋은 시절에
손잡고 신선 세계로 들어가네.
바위를 만나니 자주 앉게 되고
샘물 소리를 들으려고 천천히 가네.
바람에 날리는 옷깃은 돋은 날개와 같고
소리 나는 그림은 용면 이공린李公麟의 솜씨와 흡사하네.
해 질 무렵에 오르기를 그만두고

산 언저리에서 승려를 찾네.

1800년 윤4월에 쓴 이 남경희의 이 시는 전반부에서 맑고 화창한 윤4월 어느 날 벗들이 손을 맞잡고 신선 세계라 할 원적산 유람을 떠난 사실을 바탕으로, 가다가 좋은 바위가 있으면 앉아 쉬고 샘물 소리가 들리면 그 소리를 감상하려고 천천히 걸어가는 일행의 모습을 담고 있다. 후반부에서 옷깃이 바람에 나부껴서 날개처럼 흔들리고 개울 소리가 들리는 살아 있는 그림이라 할 산천은 용면거사 이공린李公麟의 그림처럼 실감 나는 장면임을 말한 뒤, 해 질 무렵이 된 만큼 산자락 주변에서 절집을 찾아야겠다는 여행자의 마음을 보여 주고 있다. 이 시는 산속 유람객의 여유로운 모습을 담아내고 있다.

윤현, 〈불지佛池〉

나는 인간 세상에서 왔건만
산속에 별천지가 있네.
봉우리마다 흰 구슬로 꾸미고
골짜기마다 맑은 시내를 걸어 놓았네.
동틀 무렵에 금수를 마시고
해 떨어진 뒤에 미타암에서 잠자네.
동남 지방의 명승지가

덧없이 한 길 몸 곁에 붙어 있네.

19세기 인물 윤현(생몰년 미상)의 이 시는 전반부에서 자신은 인간 세상에서 왔지만 원적산 속은 별천지와 같아서 봉우리마다 흰 구슬로 꾸미고 골짜기마다 맑은 폭포가 펼쳐진 광경을 제시하고 있다. 후반부에서는 동틀 무렵에 불지의 약수, 곧 금수를 마신 만큼 해 질 무렵에는 미타암에서 잘 것이라고 하여 그날 밤의 예정된 숙박지라는 사실을 알려 주면서 이곳이 동남 지방 최고의 명승지임을 자랑하고 있다. 속세에서 벗어나 별천지에 들어와 있음을 보여 주고 있다.

천성산 중앙능선에서 바라본 불지 뒤편 바위(측면)

최수, 〈금수. 12운(金水 十二韻)〉

천 길로 솟은 푸른 벼랑에
놀랍게도 동굴 하나가 그늘져 있네.
상서로운 빛은 나무와 풀 위에 뜨고
기이한 기운은 고개와 봉우리에서 움직이네.
혹시 양주 땅을 왕래한다면
응당 황금 조각의 숲이라고 알려지리라.
파인 곳을 채우지만 어떻게 바다로 가랴?
웅덩이를 이루지만 장마에도 불어나지 않네.
또 목구멍이 마를까 염려하지 마라.
마음대로 마신들 누가 금하겠는가?
널리 퍼져 나가려고 애쓰지 마라.
깊은 못으로 나가기는 어려우니까.
아름다운 명성이 인간 세상에 알려지면
숨겨진 광채가 관리의 마음을 더럽히게 되리라.
제齊나라 장수의 띠를 장식하고 싶지만
초楚나라 미녀의 비녀로 쓰는 것은 금지할 만하네.
하늘은 일一로서 애초에 수水를 낳고
가을 석 달 동안 이미 금金 기운이 왕성해졌네.
노닐며 구경함은 응당 옛날부터 있어 온 일인 만큼
정색이 어찌 지금이라고 다르겠는가?

길어 가면 광채가 손길을 따르고
마시면 상쾌함이 가슴속을 씻어 주네.
능히 기운을 아는 데 욕심내지 말자고
서로 경계하며 또 길게 읊조리네.

최수(1759-1821)의 이 시는 먼저 천 길 높이의 푸른 벼랑 아래 놀랍게 붙어 있는 불지의 모습을 소개한 뒤에 상서로운 빛과 기이한 기운이 주변을 감싸 유동하고 있음을 지적하고, 혹시 황금 산지로 유명한 중국의 양주 땅을 왕래한다면 이곳이 황금의 숲으로 알려질 것이라고 단언하고 있다.

이어서 불지의 신기한 모습을 보여 주는데, 파인 곳을 채워야 하므로 아래로 흐르지 않고 웅덩이를 이루지만 장마에도 불어나지 않으며, 마셔도 금하지 않으니 목마름을 걱정할 필요가 없다고 하고 있다. 또 어차피 깊은 못으로 나가기가 어려운 만큼 널리 퍼져 나가려고 애쓸 필요가 없다고 하면서, 아름다운 명성이 널리 퍼지면 숨겨진 광채가 관리의 마음을 더럽히게 될 것이라고 밝히고 있다.

그다음에 금수가 생겨난 이치를 따지면서, 하늘은 애초에 하나[일一]로서 물[수水]을 낳고 오행에서 금金에 해당하는 가을을 지나는 동안 그 기운이 왕성하게 되었는데, 노닐며 구경함은 응당 옛날부터 있어 온 일인 만큼 정색은 옛날과 다름없음을 확신하고 있다.

마지막에서는 이 황금 물은 길어 가면 손길을 따라 빛나고 마시면 가슴속을 상쾌하게 해 준다는 점을 강조하면서, 능히 기운을 아는 데 욕심내지 말자고 서로 경계하면서 길게 읊조리는 모습을 보여 주고 있다.

이근오, 〈금수굴金水窟〉

깎아지른 천 길 층진 바위 벼랑이 서 있는데
입을 벌린 작은 구덩이에서 황금이 솟구치네.
덕은 중앙을 숭상하여 정색으로 남아 있고
땅은 하계를 떠나서 속된 마음을 씻어 주네.

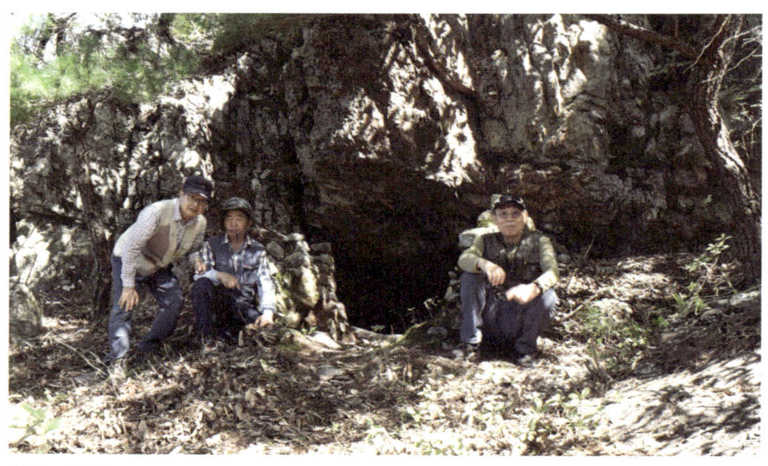

불지 입구(좌로부터 최석영 교수, 서정원 사진작가, 필자)

가을을 맞을 때마다 신령한 액체가 더해지고
누른 물을 한 모금 마시면 도인의 마음이 상쾌해지네.
앉아서 단풍을 차지하여 피리를 불고
돌부리에서 배회하다가 애써 조용히 읊조리네.

이근오(1760-1834)의 이 시는 금수굴 곧 불지를 보고 느낀 심정을 담아낸 작품이다. 수련은 깎아지른 천 길 바위 아래에 있는 작은 구덩이 곧 불지와 그곳에서 솟구쳐 오르는 금수를 소개하고 있다. 함련은 금수의 빛깔인 노란색은 정색으로 중앙을 숭상하는 덕이 있고, 하계와 떨어진 이곳은 속된 마음을 깨끗이 하는 정화淨化의 의미가 있음을 밝히고 있다. 경련은 금수의 '금金'은 오행에서 서쪽과 가을을 뜻하므로 가을철이 되면 늘 신령한 액체가 더해지고, 그 물을 한 모금 마시면 수도하는 사람의 마음이 상쾌하게 된다고 주장하고 있다. 미련은 온 산에 가득한 단풍 속에서 피리를 불고, 돌부리 사이를 배회하다가 다시 조용히 시를 읊조리는 모습을 보여 주고 있다.

김정희, 〈자오천子午泉〉
우리나라는 구주九州의 바깥에 있지만
기이한 명승을 누구에게 양보하겠는가?
한양漢陽과 삼한三韓 지역에는

샘의 형상이 또한 다양하네.
불지佛池에는 기이한 명품이 솟아오르니
금설천金屑泉과 서로 함께 견줄 만하네.
……(하략)……

김정희(1786-1856)의 이 시는 조선 팔도의 유명한 샘 14개를 언급하면서 양산 원적산 불지[佛池, 금수金水]를 가장 먼저 소개하고 있다. 제목인 자오천은 자시[子時, 밤 12시경]와 오시[午時, 낮 12시경]에만 물이 넘치는 샘을 뜻한다. 우리나라에 이런 샘이 많지 않으나 작자는 전국에 존재하는 약수, 온천과 냉천, 조석천 등을 망라하여 소개하고 있다. 그중 가장 먼저 불지를 거론함으로써 불지가 우리나라의 가장 유명한 약수라는 인식을 보여 준다.

"불지에는 기이한 명품이 솟아오르니, 금설천金屑泉과 서로 함께 견줄 만하네."라고 하여, 불지에서 솟아나는 기이한 명품 금수는 당나라 시인 왕유王維의 별장이 있던 섬서성 남전현 망천의 유명한 약수인 금설천과 견줄 만큼 이름난 곳임을 강조하고 있다. 두 샘의 공통점은 바닥에 온통 황금 가루가 깔려 있다는 것이다.

이익만, 〈원적산에서 노닐다. 성불암에서 출발하여 금수굴에 이르다(遊圓寂山 自成佛菴到金水窟)〉

봄날에 올라와서 거센 바람을 타니
일천 봉우리의 붉은 꽃과 푸른 잎이 눈동자에 비치네.
황금빛 약수 석 잔에 호탕한 흥취가 일어나서
가슴속을 씻어 내니 기름불이 일시에 사라지네.

이익만(1795-1870)의 이 시는 원적산(천성산)의 성불암에서 출발하여 불지(금수굴)에 도달하는 과정을 중심으로 원적산 기행의 한 단면을 포착하고 있다.

이 시는 불지(금수굴)를 그린 것으로, 봄철에 올라오니 거센 바람 속에서 수많은 산봉우리에 가득히 핀 꽃을 감상할 수 있고, 황금 약수를 석 잔 마시고 나니 마음속의 온갖 번뇌가 일시에 사라지는 현상을 포착하고 있다.

한운성, 〈금수金水〉
과아[도교의 신]가 물에 나아가 작은 황금을 체질하고
한 잔이 모여 못이 되니 돌 구덩이가 깊구나.
신령한 자취는 완연히 황금을 던진 곳에 남아 있고
속된 사람에게 탐욕을 펴 담는 마음이 생기지 못하게 하네.
초제醮祭에 쓰는 악와渥洼의 용마는 비록 없지만
던지는 베틀 북처럼 빠른 새를 물결 빛이 꿰뚫네.
피로를 푸는 술은 나에게 능히 기운을 알게 하지만

끊어진 벼랑의 오솔길이라 찾아옴이 게으르네.

한운성(1802-1863)의 이 시는 불지(금수)의 외관과 그 영험에 초점을 맞춘 작품이다. 수련은 우공이산愚公移山 설화에 나오는 전설상의 괴력을 지닌 이인異人 과아가 만든 불지의 못은 구덩이가 깊음을 설명하고, 함련은 못 속의 금은 춘추시대 오자서의 설화가 전하는 표수처럼 생성되었을 것이라 하면서 이곳은 황금을 가져가려고 하는 속된 마음의 소유자가 오면 안 된다는 점을 강조하고 있다. 경련은 불지의 신비한 영험으로 도교식 제사에 쓰이는 악와의 용마는 없지만 반짝이는 물빛에 반사된 새는 온통 투명해지는 현상이 있음을 보여 주고 있다. 미련은 이곳을 찾은 다음에 마시는 술 한 잔이 이곳의 영험한 기운을 알게 하지만 험한 벼랑에 자리한 곳이기에 찾아오기가 어려운 사정을 설명하고 있다.

***여적餘滴: 불지와 불지암의 재발견 그리고 기대감**

이상에서 1860년대 이후 기록에서 사라져 버린 불지·불지암의 현장을 재발견하여 그 모습을 소개하고 또 문헌상의 기록을 검토하여 그 전모를 밝히고자 하였다.

신라 때부터 불지와 불지암은 원적산의 대둔사와 부속 암자 중에서 산봉우리의 8부 능선에 자리한 위치상의 특이점과 그 기이한 모습으로 세인의 주목을 받은 이래 19세기 중엽까지 불자와 일반인의 지속적 관심을 받았다. 따라서 이곳은 여느 석굴이나 암자와는 달리 신비감이 결부된 설화가 발생함으로써 불지속의 물고기 전설, 금수의 화려한 금황빛 색채와 다양한 변이, 회춘(回春, 젊음 회복)의 영험을 지닌 약수로 명성이 높았다.

오희창의 〈불지기〉(1709년)에서 소개한 것처럼 불지암은 반길쯤 되는 황금 불상을 모신 방 외에 마루와 부엌으로 된 세 칸짜리 건물로서, 바위에 닿은 뒤쪽 지붕에는 너와를 덮고 튀어나온 앞쪽 지붕에는 기와를 이었으며, 벽과 기둥 등을 깔끔한 단청으로 장식한 아담한 사찰이었다. 장차 머지않은 어느 시기에 이런 모습의 불지암이 옛 터전에 건립되어 그 단아한 모습을 다시 볼 수 있기를 기대한다.

2부

천성산과 불지 개관

천성산은 경남 양산시 하북면에 위치한 해발 922m[천성산 제1봉, 과거의 원효산元曉山, 현재의 원효봉]의 산으로 동북쪽으로 울산광역시 울주군 웅촌면, 서북쪽으로는 울주군 언양읍과 경계를 이루고 있다. 이 산은 계곡이 깊고 산봉의 풍광이 빼어나서 예로부터 소금강小金剛이라 불렸고, 신라의 원효대사(617-686)가 이 산에서 당나라에서 건너온 1천 명의 스님에게 화엄경을 설법하여 모두 성인이 되게 하였다고 하는 화엄벌[2] 설화가 전해진다.

이 산은 알려진 명칭만 하더라도 포천산布川山·원적산圓寂山·원효산元曉山·안적산安寂山·두성산斗聖山·소금강小金剛·신금강新金剛 등의 다양한 이름으로 불려 왔다. 문헌에 가장 먼저 등장하는 산 이름은 포천산으로 대체로 개울이나 물이 많은 산이라는 뜻으로 짐작된다. 그러다가 신라 시대에 원효대사의 척판구중擲板救衆[3] 설화와

---

2) 화엄벌(華嚴-벌)은 경남 양산시 천성산 일대의 고지대 평원을 일컫는 말로, 원효대사가 화엄경을 설법하였다는 배경이 된 곳이다. 천성산 정상부 능선에 펼쳐진 산상 평원·습지 지대로서 인근의 화엄늪과 함께 화엄의 땅이라는 의미를 지닌다. 전설에 따르면 원효대사가 척판구중(擲板救衆)의 기적으로 살아난 일천 명의 대중을 모아 『화엄경』을 강설했는데 이때 많은 대중이 모여 화엄을 배운 자리라 하여 그 평원을 화엄벌이라 부르게 되었다고 한다. 그때 참석한 일천 명의 대중이 득도하여 성인이 되었으므로 그 산 이름이 천성산(千聖山)이 되었다고 한다.

3) 척판구중(擲板救衆)은 '판자를 던져 여러 대중을 구한다.'는 뜻으로, 원효대사(元曉大師)의 기적담(奇跡譚)을 가리키는 말이다. 전설에 따르면 원효가 수행 중 삼매(三昧)에 들어 중국 당나라의 어느 절[태화사·법운사 등 이설이 있음]에 산사태가 나 천여 명의 대중이 매몰될 위기에 처한 상황을 미리 보고, 판자에 '해동원효 척판구중(海東元曉

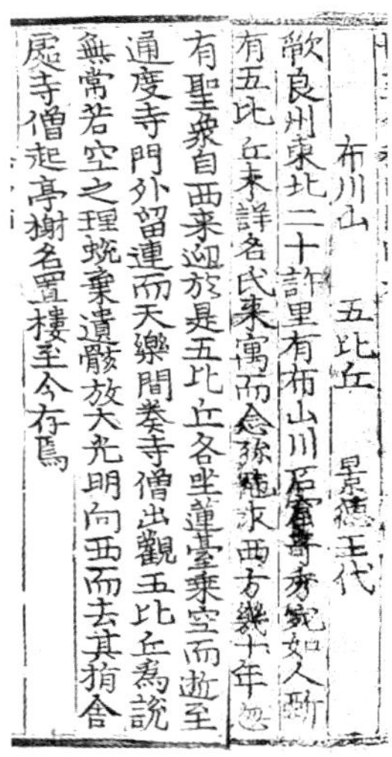

布川山　五比丘　景德王代
歃良州東北二十許里有布山川石窟奇秀宛如人斲
有五比丘未詳名氏來寓而念彌陁求西方幾十年忽
有聖衆自西來迎於是五比丘各坐蓮臺乘空而逝至
通度寺門外留連而天樂間奏寺僧出觀五比丘爲說
無常苦空之理蛻棄遺骸放大光明向西而去其捐舍
處寺僧起亭榭名置樓至今存焉

『삼국유사』 권5, 「피은」8의 '포천산' 관련 부분

화엄벌 설화 및 짚북재[4] 설화가 형성된 이후 이 산은 대체로 불교 및 원효대사와 관련한 명칭으로 그 정체성이 확립된 것으로 판단된다.

이 중 포천산은 『삼국유사』의 〈포천산 다섯 비구(布川山五比丘)〉에 등장하는 이름이고, 신금강은 1920년 내원사 주지 경봉 스님이 강원도의 금강산을 대신할 새 금강산이라는 의미에서 명명한 것으로 그 의미가 〈양산의 신금강〉[5]이라는 글에 자세히 밝혀져 있다.

그런데 18세기에 제작된 지도 〈광여도廣輿圖〉와 〈1872년지방지도〉를 보면 현재의 천성산 권역이 사실상 2개의 산으로 구성되어 있었음을 알 수 있는데, 그중 북서쪽의 대둔사와 불지암을

擲板救衆, 해동의 원효가 판자를 던져 대중을 구한다.)'이라 써서 하늘로 날려 보냈다고 한다. 그 절의 스님들이 공중에 떠 있는 판자를 보고 이상히 여겨 모두 밖으로 나오는 순간 산사태가 나서 법당이 무너졌으나 원효가 던진 판자 덕분에 일천 명이 목숨을 건졌다고 한다. 이 설화는 원효대사의 뛰어난 도력·자비심을 상징하는 대표적 일화로서 시공(時空)을 초월해 중생을 제도한다는 의미를 담고 있다.

4) 짚북재[藁鍾嶺]는 천성산의 화엄벌 옆에 있는 고개이다. 척판구중(擲板救衆)의 기적으로 중국에서 목숨을 구한 일천 명의 대중이 이 산에 모이자 원효대사가 그들을 모으기 위해 짚으로 만든 북을 매달았다고 한다.

〈광여도〉(1737-1776) 양산 지도(규장각 소장)

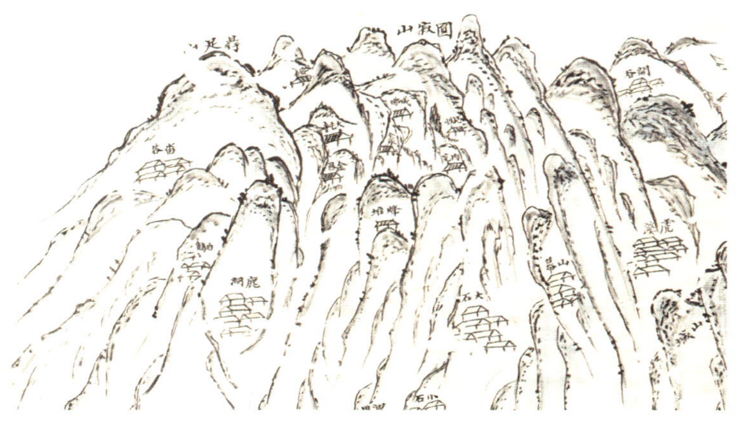

〈1872년지방지도〉 중 양산 지도(규장각 소장)
대둔사, 금수, 성불, 금봉이 보인다

포함한 지역은 대둔산[大芚山, 현재의 천성산 제2봉, 비로봉으로 추정]에 속한 땅이고, 그 아래쪽의 나머지 구역은 원적산에 속한 땅으로 적시摘示되고 있다. 천성산의 북서쪽 지역, 곧 『삼국유사』의 다섯 비구와 관련된 지역은 현재의 정족산과 천성산(제1봉) 사이에 자리한 대둔산으로 특정하고 있다. 전통적으로 지도의 산천 권역이 어느 날 갑자기 바뀌는 경우가 매우 드물다는 사실을 바탕으로 본다면 포천산은 과거의 대둔산, 곧 현재의 천성산 제2봉인 비로봉을 가리킨 것으로 판단된다.

그리고 원적산과 천성산이라는 명칭은 15세기의 『세종실록 지리지』 이후 조선 시대에 통용되다가 1914년의 『경남 지지조서』, 『조선지지자료』 및 1912~1914년의 『조선지형도』 이후에는 현재 명칭인 천성산이 공식적으로 사용되고 있다.[6]

불지(佛池·佛地)는 천성산 북서쪽 대둔산 자락의 8부 능선쯤에 있는 오래된 바윗굴로서 그 속에 가뭄이나 홍수에 상관없이 늘 일정한 깊이의 황금빛 물이 고여 있다고 하여 금수金水 또는 금수굴이라고도 불린 곳이었다.

5) 경봉(鏡峰) 스님, 「양산(梁山)의 신금강(新金剛)」(『축산보림(鷲山寶林)』 3호, 축산보림사, 1920.)

6) 여기에 대해서는 이근열, 「근대 지명 자료에 나타난 양산 지명 연구」(『지명학』 33, 한국지명학회, 2020.12., 424면) 참조.

이 석굴은 『통도사 사리가사 사적약록通度寺舍利袈裟事蹟略錄』[7]과 『삼국유사』 등 고려 시대의 전적에 위치와 모양이 설명되어 실려 있어서 연원이 매우 깊은 명소이다. 『통도사 사리가사 사적약록』의 「통도사 제성전諸聖殿」에 부록으로 실린 〈원적산 대둔사〉 항목에 대둔사의 여러 성전聖殿과 함께 실린 암자[8] 중 '금봉암金鳳庵'과 '불지암佛地庵'에만 세주細註가 붙어서 주목할 만하다. 금봉암에는 "신라 때 지은 곳으로 오도자吳道子[9]의 필화筆畵가 아직도 존재한다(新羅所創 吳道子筆畵尙存)."는 설명이 있고, 불지암에는 "바위 동굴에 금수가 사계절 늘 떠 있다(巖穴金水四時常浮)."는 설명이 있어서 그 당시에도 불지의 금수가 매우 특별한 존재로 인식되어 있었음을 알게 해 준다.

원적산(천성산)은 예전에 관습적으로 원효산(922m)과 천성산(855m)으로 부르던 서로 연결된 두 개의 산으로 구성되어 있었으나, 2023년에 천성산 제1봉[과거의 원효산, 현재의 원효봉]과 제2봉[현재의 비로봉]으로 개명하여 부름으로써 지금은 이 두

7) 『통도사 사리가사 사적약록(通度寺舍利袈裟事蹟略錄)』은 『통도사지(通度寺誌)』(아세아문화사, 1983)에 영인(影印) 수록되어 있다.

8) 여기에는 대둔사에 부속된 12암자, 곧 금봉암, 불지암, 성불암, 도솔암, 원적암, 적조암, 요위굴, 견불암, 미타굴, 조계암, 안적암, 대승암의 이름이 나열되어 있다.

9) 오도자(吳道子, 8세기 중엽까지 생존)는 당 현종(玄宗) 때의 화가이다.

산을 합하여 천성산이라고 규정하고 있다.[10)]

한편 천성산 정상은 한반도에서 가장 먼저 일출을 볼 수 있는 곳, 나아가 유라시아 대륙에서 가장 해가 빨리 뜨는 곳이라고 하여 이 사실을 크게 전파하기 위해 양산시는 2023년 6월 23일에 유라시아 대륙에서 해가 가장 늦게 지는 포르투갈의 호카곶(Cabo da Roca)이 있는 도시 신트라(Sintra)와 국제 자매결연을 체결하고, 천성산 정상의 일출이 울산의 간절곶보다 빠르다는 점을 대대적으로 홍보하고 있다.

이제부터 천성산과 불지와 관련한 각종 지리지의 기록을 검토하여 역사적 변천 과정을 검토해 보자. 고려 후기에 제작된 『삼국유사』에 포천산과 관련한 언급이 있다. 『삼국유사』 권8의 〈포천산 다섯 비구. 경덕왕대(布川山 五比丘 景德王代)〉에 다음과 같은 기록이 실려 있다.

> 삽량주[11)] 동북쪽 20여 리에 있는 포천산의 석굴은 기이하고

10) 박극수, 「천성산 역사 정립은 우리의 사명이다」: "2023년 11월 7일 양산시 지명위원회에서 하나의 산이 (가진) 천성산과 원효산이라는 복수 지명을 하나로 통일하기 위하여 원효산 지명은 폐지하고 천성산 1봉을 원효봉으로 2봉은 비로봉으로 하기로 결의하고 경남 지명위원회와 중앙 지명위원회 심의를 거쳐 변경 고시하기로 하였다."(『양산신문』, 2023.11.29.)

11) 삽량주(歃良州)는 경남 양산의 옛 이름이다.

> 빼어나서 마치 사람이 깎은 것 같았는데, 이름이 상세하지 않은 다섯 비구가 여기에 와서 살았다. 아미타불을 염송하며 서방정토로 가기를 갈구한 지 몇십 년 만에 문득 서방의 극락에서 온 여러 보살[12]이 와서 맞았다. 이에 다섯 비구가 각기 연화대에 앉아 허공을 타고 가다가 통도사 문밖에 이르러 머무니 천상의 음악이 사이사이 울려 퍼졌다. 절의 스님이 나와서 보니 다섯 비구가 무상하고 괴롭고 공허한 이치를 설법하더니 유해를 벗어 버리고 큰 광명을 내뿜으며 서쪽을 향하여 가버렸다. 그 죽어 버린 곳에 절의 스님이 정자를 세워서 치루[置樓, 안치한 다락]라고 이름을 붙였는데 지금까지 남아 있다.[13]

『삼국유사』의 이 기록은 포천산[현재의 천성산 제2봉, 비로봉으로 추정]에 한 석굴이 있음을 설명한 뒤 이곳에서 몇십 년 동안 아미타불을 염송하며 수련하던 5명의 비구승이 어느 날 서천에

12) 성중(聖衆)은 불교에서 극락(極樂)에 있는 모든 보살을 뜻한다.

13) "插良州東北二十許里 有布川山石窟 奇秀宛如人斲 有五比丘未詳名氏來寓 而念彌陀求西方幾十年 忽有聖衆自西來迎 於是五比丘各坐蓮臺 乘空而逝 至通度寺門外留連而天樂間奏 寺僧出觀 五比丘爲說無常若空之理 蛻棄遺骸 放大光明 向西而去 其捐舍處 寺僧起亭榭 名置樓 至今存焉"(『三國遺事』 권8, 「避隐」 제8, 〈布川山 五比丘 景德王代〉).

서 온 여러 보살의 환영을 받으며 허공으로 가다가 통도사 문 앞에 이르러서 무상하고 괴롭고 공허한 이치를 설법하고 나서 유해를 남기고 서쪽으로 가 버렸다는 염불 설화이다.

포천산의 이 석굴에 대해서 일찍이 문명대 교수가 "(경남 양산군) 웅상면의 산 가운데 포천산이란 명칭은 찾아낼 수는 없다. 그러나 이 지역의 가장 유명한 산은 천성산이고 이 산의 미타암이란 절에 석굴이 있는데 거기에는 아미타석불이 있어서 ……(중략)…… 나는 천성산의 석굴을 특히 주목해야 될 것이라 생각한다."[14]라고 하여, 다섯 비구가 살았다고 전해지는 석굴이 바로 천성산 동쪽 산록에 있는 미타암의 석굴을 가리킨다고 추정하였다. 그러나 그 석굴이 미타암 석굴[현재의 굴법당, 이곳에 석조아미타여래입상(보물)이 봉안되어 있다]인지는 그 사실 여부를 꼼꼼하게 다시 따져 볼 필요가 있다. 우선 『통도사 사리가사 사적약록』 중에서 「절의 사방 산하 비보(寺之四方山河裨補)」에 다음과 같은 대목이 있다.

> ㉮ 또 절의 사방 산과 하천의 비보裨補라는 것은 기반이 되는 땅 사방 주위가 4만 7천 보쯤 되는데 각기 장생표長生標 모두 12개를 세운 것이다. 동쪽에는 흑석봉에 설치한 석적

14) 문명대, 「포천산 석굴고」(『동국사학』 11, 동국사학회, 1969), 115면.

石磧장생표 하나가 있고, 남쪽에는 사천沙川과 포천봉布川峯에 배치한 석비石碑장생표가 하나씩 있다.[15)]

㉯ 사방의 장생 터는 3천 명 대덕大德의 방房과 골짜기로 나뉘어 있는데, 남쪽에는 포천산 골짜기가 있으니 곧 일천 명 대덕이 거주하는 방이고, 북쪽에는 동을산[冬乙山, 현재의 고장산][16)] 다촌[茶村, 차 마을]이 있으니 곧 차를 만들

---

15) "又寺之四方山川 裨補也者 基地四方 周四萬七千步許 各塔長生標合十二 東有黑石峯 置石磧長生標一 南有沙川布川峯 塔排石碑長生標一 北有冬乙山 置石磧長生標一 中有省仍川杌川 各排石碑長生標二"(『通度寺誌』, 아세아문화사, 1983, 24면).

16) 동을산(冬乙山)은 울산광역시 울주군 언양읍 소재 고장산(庫藏山, 320.9m)을 가리킨다. 이 지명은 '들메/돌메' 로 읽을 수 있고 '야산(野山)/독산(獨山)/고산(孤山)' 을 뜻하는데 언양의 고장산으로 추정된다.(이런 독법에 대해서는 「음운 규칙의 예외에 대한 연구 -강화·김포 지명어를 중심으로-」, 『지명학』 2, 한국지명학회, 1999, 참조) 이 산은 지형상 신불산(1,208m) 줄기에서 떨어진 들판에 외떨어져 있어서 이 지명과 부합한다. 또 '다소촌' 과 관련 있는 장소이므로 차에 관심이 많으신 통도사의 중봉 성파 대종사께서도 일찍이 40년 전에 이곳을 현장 답사하였으나 그 위치를 확정하지는 못하였다고 한다. 2025년 3월 6일(목) 성파 큰스님을 모신 자리에서 울산 부근 지리에 밝은 최석영 교수와 필자가 함께 논의한 결과 그곳이 현재의 고장산이 확실하다는 결론을 내렸다. 이곳은 울주군 삼남면 상천리에 남아 있는 '울주 상천리 통도사 국장생석표' (울산시 유형문화재 2호)와 가까이 위치하고 있어서 동을산이 통도사 지경 내에 있어야 한다는 당위성과도 부합한다. 「절의 사방 산하 비보(寺之四方山河裨補)」의 뒷부분에 "사방 장생표를 직접 관리하는 사람의 위전답은 동남쪽 골짜기 안에 나뉘어 있었는데, 북쪽 다촌 평지의 끝은 곧 거화군(居火郡, 언양군)의 경계였다(四方長生標 直干之位田畓 分伏於東南洞內 北茶村坪郊 乃居火郡之境也)."라는 언급으로 보아, 북쪽 '울주 상천리 통도사 국장생석표' 를 관리하는 다촌 거주민의 위전은 동을산과 언양의 경계에 위치하였음을 알 수 있다.

어 절에 바치는 소所[17])였다. 절에 바치기 위한 다조[茶竈, 차 달이는 부뚜막]와 다천[茶泉, 차 끓이기 위한 샘]이 지금까지 남아 없어지지 않았으므로 뒷사람이 다소촌[茶所村, 다소茶所[18]) 마을]이라고 하였다.[19])

㉰ 죄를 지어 골짜기 안에서 쫓겨나거나 아울러 함께 흩어진 일천 명의 승려는 지경地境 남쪽의 포천 골짜기[포천동布川洞]로 가서 암자를 지어 거주하면서, 아침저녁으로 절[통도사]에 오가면서 사리와 가사를 바라보며 예를 올리고, 정성스럽고 부지런하게 도를 닦았다. 하루는 다섯 명의 비구가 사리에 예배하러 돌아오는데 육신이 허공으로 떠올라 불단[佛壇, 부처님 유골을 모신 제단, 현재의 금강계단]을 향해 날아오다가 절의 문 앞에 유해를 떨

---

17) 소(所)는 고려 시대에 존재하였던 군·현 아래에 붙어 있는 특수 행정 단위로서, 향(鄕)과 부곡(部曲)이 주로 농업과 관련된 사람들의 집단 거주지였음에 반하여 소는 수공업·광업 또는 특수 농작물과 관련된 기술자의 집단 거주지였다. 여기에는 금소(金所)·은소(銀所)·동소(銅所)·철소(鐵所)·사소(絲所)·주소(紬所)·지소(紙所)·와소(瓦所)·탄소(炭所)·염소(鹽所)·묵소(墨所)·곽소(藿所)·자기소(瓷器所)·어량소(魚梁所)·강소(薑所) 등이 있어서 각기 그 물건을 관아나 특정 기관에 바쳤다.

18) 다소(茶所)는 고려 시대에 차를 전문적으로 제작하는 수공업자들이 집단으로 거주하던 특수 행정 단위이다.

19) "四方長生基地 分有三千大德房洞 南有布川山洞 乃一千大德之所住房也 北冬乙山茶村 乃造茶貢寺之所也 貢寺茶囦茶泉 至今猶存不泯 後人以爲茶所村也"(앞의 책, 26면).

어뜨리고 그 문 앞에서 모두 죽었으므로 이에 다비하였다고 한다. 후대의 사람이 그 앞 개울가에 다락을 지어서 '치루루[置髏樓, 유해를 안치한 다락]'라고 이름 지었다.[20]

㉣ 비보 장생표 12개는 문 앞과 골짜기 입구에 흑목방黑木榜 장생표 2개를 세우고, 동쪽의 흑석봉에 석적장생표 2개를 두었으며, 중앙의 잉천과 궤천에 석비장생표 2개씩을 각각 세우고, 남쪽의 사천과 포천봉에 석적장생표 2개를 두었으며, 서쪽의 대령현에 석비장생표 1개를 세우고, 남쪽의 대천에 석비장생표 1개를 세웠다.[21]

㉮와 ㉣는 통도사의 경계를 알려 주는 12개 장생표의 위치를 기록한 것인데, 두 기록 모두 통도사 남쪽에는 사천과 포천봉에 석비石碑 또는 석적石磧장생을 하나씩 배치하였다는 사실을 증언하고 있다. 포천산이 천성산의 북서쪽 산 곧 현재의 천성산 제2봉

20) "犯罰見黜於洞內 並皆離散一千僧衆 詣境南布川洞 架庵居止 晨夕往來於寺 瞻禮舍利袈裟 精勤修道 一日五比丘回禮拜舍利 肉身登空 而向壇飛來 於寺之門前墮髏 而俱亡於其門前 仍茶毗云云 後人於其前臨溪構樓 因名曰 置髏樓也"(앞의 책, 27-28면).

21) "裨補長生標十二者 門前洞口 立黑木榜長生標二 東黑石峯 置石磧長生標二 中省仍川杌川 各立石碑長生標二 南沙川布川峯 置石磧長生標二 西大嶺峴 立石碑長生標一 南大川 立石碑長生標一"(앞의 책, 28-29면).

인 비로봉으로 보이는 만큼 통도사의 구역 경계는 남쪽으로 천성산 북서쪽 산록을 모두 포괄하였다는 사실을 확인할 수 있다.

㉯는 통도사 남쪽에 있는 포천산 골짜기에 거주하는 승려가 일천 명이었다는 사실을 증언하고 있을 뿐 아니라 거기에 곁들여 통도사 권역의 북쪽 경계인 동을산[冬乙山, 현재의 고장산]은 통도사에 차를 만들어 공급하는 제다製茶 전문 수공업자들의 집단 거주지인 다소茶所가 있던 곳이라는 사실을 증언하고 있다. 다소는 고려 시대에 큰 절 주변에 주로 설치되었던 제다인製茶人의 집단 거주지였다. 『세종실록 지리지』에는 전라도 장흥도호부에 요량饒良·수태守太·칠백유七百乳·정산井山·가을평加乙坪·운고雲高·정화丁火·창거昌居·향여香餘·웅점熊岾·가좌加佐·거개居開·안칙곡安則谷이라는 13개 다소가 있고, 무장현에 용산龍山·재역梓亦이라는 2개의 다소가 있었다고 기록되어 있다.[22] 동을산 다소는 전라도에 주로 설치되었던 다소와 달리 통도사에 차를 공급하기 위하여 설치된 특수 행정 단위로서 경상도에서 매우 드물게 설치된 다소였음이 분명하다.

---

22) 이정신 교수는 이 기록 이외에 동복현(同福縣)의 와촌(瓦村, 와지다공리瓦旨茶貢里)을 다소 지역으로 추가하고 있으며, 차 생산지로는 언양, 화개, 함양과 두륜산이 기록되어 있음을 지적하였다.(이정신, 『고려시대의 특수행정구역 所 연구』, 혜안, 2013, 187면 참조)

고장산의 현재 모습(배경 신불산)

'울주 상천리 통도사 국장생석표' 와 고장산(푸른 지붕 위편의 둥근 야산)

㉰는 앞서 살펴본 〈포천산 다섯 비구〉 설화를 『삼국유사』보다 훨씬 더 구체적으로 설명한 기록이다. 통도사 지경 남쪽인 포천산 골짜기에는 죄를 지어 통도사 골짜기 안에서 쫓겨나거나 함께 흩어진 일천 명의 승려가 암자를 지어 거주하면서 아침저녁으로 통도사에 오가면서 사리와 가사를 바라보며 예를 올리고 도를 닦았다는 것이다.[23] "아침저녁으로 통도사에 오가면서 사리와 가사를 바라보며 예를 올리고 도를 닦았다."는 설명에서 그들이 거주한 암자는 통도사에서 그다지 멀지 않은 곳, 곧 포천산 북서쪽 산록이나 골짜기에 있었음을 알 수 있다. 이런 시각에서 보면 통도사를 오가면서 금강계단에 예배하고 수도한 이들의 거주 공간이 천성산 동록에 자리 잡은 미타암이라는 추정은 사실에 부합하지 않음이 분명해진다. 통도사는 미타암 뒤쪽의 산봉

---

23) 인용한 ㉰ 부분에 대한 역사학계의 해석을 소개하면 다음과 같다.
"포천산동은 일천 대덕이 거처하는 방들이 모여 있는 곳이었다. 여기서 일천 대덕이라 한 것은 승도들의 집단이라는 의미로 받아들여야 할 것이지만, 이로 보면 이곳은 이들의 거처가 모여 하나의 촌(村)을 이루고 있었다. 물론 이들 대덕은 수행에 임하는 참학승(參學僧) 내지는 하급 승도들이었다. 또한 이들이 동서로 나뉘어 대천에서 축석(築石)하는 모습에서는 '수원승도(隨院僧徒)'가 포함되어 있음을 알 수 있다. 이들이 죄를 범하면 동내에서 쫓겨나 흩어져 이곳에서 암자를 짓고 머물렀다는 것이 이를 반영해 주고 있다."(배상현, 「고려시대 사원 촌락 연구」, 『국사관논총』 87집, 국사편찬위원회, 1999, 참조)

우리인 원적봉(807m) 너머에 있어서 미타암에서는 바라볼 수 없는 쪽에 있다. 따라서 미타암 석굴에서는 통도사 금강계단을 향하여 예배할 수 있는 방향이 아니고, 또 두 곳 사이의 거리가 아침저녁으로 왕래할 수 있는 범위를 벗어나 있다.

그런데 인용문 ㉰에서는 그곳에서 수도하던 인물 중에서 독실하게 공부한 다섯 비구가 득도하여 허공을 날아 금강계단을 향해 오다가 통도사 문 앞에 도달하자 다들 유해를 떨어뜨리고 그곳에서 모두 입적하였다는 것이다. 그 전설의 증거물인 현장을 증명하기 위하여 후세 사람이 통도사 문 앞 개울가에 다락[24]을 지어서 '치루루'라고 하였다는 것이다. 『삼국유사』에서는 그 다락의 이름을 '치루[置樓, (○○을) 안치한 다락]'라고 하여 다락 내에 무엇을 안치하였는지 알 수 없게 되어 있으나 이 기록에서는 그 이름을 '치루루置髏樓'라고 하여 '(다섯 비구의) 유해를 안치한 다락'이라는 의미를 분명히 밝혀 놓았다. 이렇게 된 까닭은 통도사에서 전해지던 치루루 전설을 일연 스님이 『삼국유사』에 채록하여 정리하는 과정에서 '루[髏, 해골·유해의 뜻]'라는 한 글자를 빠뜨렸기 때문이 아닌가 한다.

---

24) 『삼국유사』에서는 정사[亭榭, 정자]라고 하였으나 「절의 사방 산하 비보(寺之四方山河裨補)」에서는 다락[누(樓)]이라고 하였다.

이상의 논의에서 『삼국유사』에 나오는 포천산 석굴의 정체를 확인할 수 있는 단서를 포착할 수 있다. 인용문 ㉰에서 언급한 바와 같이 "죄를 지어 골짜기 안에서 쫓겨나거나 아울러 함께 흩어진 일천 명의 승려는 지경 남쪽의 포천산 골짜기로 가서 암자를 지어 거주하면서, 아침저녁으로 절[통도사]에 오가면서 사리와 가사를 바라보며 예를 올리고, 정성스럽고 부지런하게 도를 닦았다."라고 한 대목처럼 그들이 아침저녁으로 통도사를 오가면서 사리와 가사를 바라보며 예를 올렸다고 하는 것은, 결국 그들이 거주하는 암자가 통도사와 그다지 멀지 않은 곳에 있어서 거주지와 금강계단 사이를 쉽게 오갈 수 있는 곳이었다고 볼 수 있다. 구체적으로 추정하면 그곳은 포천산 북서쪽 산록과 그 아래의 골짜기, 곧 현재의 조계암과 안적암 앞쪽에서부터 흘러 내려와서 노전암[대둔사 자리에 지은 암자] 앞을 거쳐 흘러내리는 상리천 골짜기 주변으로 보인다.[25] 그리고 『삼국유사』에는 "포천산

25) 성불암 앞을 지나 화엄벌로 통하는 성불암 계곡 길은 20세기 중반 이전에는 없었으므로 그 골짜기를 다섯 비구의 거주지로 상정하기는 어렵다. 이 길은 1960년대에 벌어진 산판(山坂)의 목재를 운반하기 위해 만든 길이기 때문이다. 또 내원사 앞 골짜기를 다섯 비구의 거주지 후보로 추정해 볼 수도 있으나, 『통도사 사리가사 사적약록』에 부록으로 실린 〈원적산 대둔사(圓寂山大芚寺)〉에 부록으로 제시된 암자 중에

의 석굴은 기이하고 빼어나서 마치 사람이 깎은 것 같았는데, 이름이 상세하지 않은 다섯 비구가 여기에 와서 살았다."라고 기록하고 있는 것으로 보아, 앞서 살펴본 18세기 지도에서 대둔사와 불지암을 품고 있는 대둔산[현재의 천성산 제2봉, 비로봉으로 추정]에서 내려오는 산록에 있는 석굴, 곧 불지암 옆의 불지이며 그곳이 다섯 비구가 거주하던 곳이었다고 추정된다. 이 포천산의 석굴을 문명대 교수는 천성산 동쪽 산록에 있는 미타암의 석굴을 가리키는 것으로 추정하였지만 『통도사 사리가사 사적약록』에 통도사의 남쪽 경계가 통도사 지경 남쪽의 포천산 봉우리와 사천 골짜기까지임을 분명히 밝혀 놓았으므로, 원적산 동쪽 산록에 자리 잡은 미타암의 석굴은 통도사 권역 바깥에 있었음이 분명하다. 따라서 다섯 비구가 거처하며 도를 닦은 석굴은 천성산 북서쪽 산록과 골짜기 가운데서 『삼국유사』의 표현대로 "마치 사람이 깎은 것 같"다고 한 불지가 분명한 것으로 판단된다.

금봉암(金鳳庵)·불지암(佛地庵/佛池庵)·성불암(成佛庵) 등이 보이지만 내원암(內院庵)은 보이지 않기 때문에 그 가능성은 희박해진다.(『통도사지通度寺誌』, 아세아문화사, 1983, 66면 참조) 조선 후기에 많이 제작된 불지 관련 답사기를 보더라도 불지를 답사한 이들은 다들 대둔사/대둔점에서 눈앞을 가로지르는 산 능선[현재의 공룡능선]을 올라가서 불지(암)와 성불암으로 통하는 길을 오르내린 사실을 확인할 수 있다.

불지는 천성산의 많은 석굴 가운데 유일하게 1530년에 간행된 『신증동국여지승람』 「양산군」 〈불우佛宇〉에 "【신증新增】 불지사는 원적산에 있다. 절 북쪽 바위 벼랑 아래에 샘이 솟아 나오는데 그 색깔이 금과 같다."[26]고 기록하고 있다. 불지사 옆의 불지는 절 뒤편의 바위 벼랑 밑에 있는데 그 샘물의 색깔이 황금색이라는 사실이다. 이것은 천성산의 동쪽 벼랑에 있는 미타암의 석굴[현재의 굴법당]에는 해당하지 않는 다른 설명일 뿐 아니라 미타암 석굴에는 황금빛 샘물이 나오는 샘도 없으니, 불지와 미타암의 석굴은 완전히 다른 장소가 분명하다.

1757년부터 1765년 사이에 정리된 『여지도서輿地圖書』 하下, 『보유편』의 경상도 「양산군읍지梁山郡邑誌」 '불우佛宇' 조에는 "불지암은 원적산에 있다. 절 뒤쪽 바위 구멍 중에 샘이 있는데 사방이 서너 자이고 깊이가 반 자쯤이다. 마르지도 않고 넘치지도 않으며 그 색깔이 황금 같다. 가운데에 물고기 몇 마리가 노닌다. 지금 암자는 헐렸으나 터가 남아 있다."[27] 하였다.

또한 김정호(金正浩, 1804-1866)의 『대동지지大東地志』 권7, 「경상도 양산」 〈산수山水〉에도 "불지사는 절 북쪽 바위 벼랑 아래에

---

26) "【新增】 佛池寺 在圓寂山 寺北巖崖下 有泉涌出 其色如金"(『新增東國輿地勝覽』, 「梁山郡」, 〈佛宇〉).

27) "佛池庵 在圓寂山 寺後巖竇中有泉 方可三四尺 深可半尺許 不涸不溢 其色如黃金 中有游魚數三尾 今則庵毁基存" 『輿地圖書』 下, 補遺篇 「慶尙道 梁山郡邑誌」 〈佛宇〉.

샘이 솟아 나오는데 그 색깔이 금과 같다."고[28] 하여 『신증동국여지승람』과 동일한 설명을 실어 놓았다.

또 1934년판 『울산읍지』 권1, 「고적古蹟」 〈금수金水〉에도 "원적산에 있으며 일명 불지佛池이다. 물이 가물어도 차거나 줄어들지 않는데, 황금색이 물의 표면에 뜨고 오랫동안 마시면 습기를 고칠 수 있다."[29]는 설명을 실었다.

그 뒤의 자료로 유인목(柳寅沐, ?-?)의 『양산군지梁山郡誌』 권1, 「불찰佛刹」 〈불지사佛池寺〉에 "원적산에 있다. 절 북쪽 바위 벼랑 아래에 샘물이 솟아 나오는데 그 색깔이 금과 같다. 【후지後誌】 바위 구멍 가운데 샘이 있는데 사방이 서너 자가 되고 깊이가 반 자쯤 되며, 마르지도 않고 넘치지도 않는다. 가운데에 노니는 물고기 서너 마리가 있었다. 지금은 암자는 없어지고 터만 남아 있다. 【신보新補】 일명 금수라고도 하며 「산천」에 보인다."[30]고 기록하고 있으나, 이것들은 앞서 나온 서적의 기록을 모아 놓은 데 지나지 않는다.

---

28) "佛池寺 寺北巖厓下 有泉涌出 其色如金"金正浩, 『大東地志』 권7, 「慶尚道 梁山」 〈山水〉.

29) "在圓寂山 一名佛池 水旱不能盈縮 金色浮水面 久飮能治濕"『蔚山邑誌』 권1, 1934, 「古蹟」 〈金水〉.

30) "在圓寂山 寺北巖崖下 有泉湧出 其色如金【後誌】巖竇中有泉 方可三四尺 深可半尺許 不涸不溢 中有游魚數三尾 今則庵毁基存【新補】一名金水 見山川"柳寅沐, 『梁山郡誌』 권1, 「佛刹」 〈佛池寺〉.

3부

천성산 및 불지 관련 기록과 증언

1. 정시한丁時翰, 『산중일기山中日記』[31] 중 원적산 관련 기록 [1688년]

이 글은 강원도 원주에 거주하는 선비 정시한(1625-1707)이 1688년(무진년) 4월 10일 원주 법천法泉의 자택을 출발하여 그해 9월 19일에 다시 집으로 돌아오기까지 5개월 20일 동안 충청도와 경상도의 여러 지방의 사찰을 여행하며 쓴 일기이다.

그 여정은 원주 → 충주 → 제천 → 괴산 → 문경 → 상주 → 문경 → 의성 → 안동 → 청송 → 영덕 → 포항 → 경주 → 울주 → 양산 → 울주 → 경주 → 영천 → 대구 → 영천 → 군위 → 청송 → 영덕 → 청송 → 안동 → 봉화 → 영주 → 풍기 → 단양 → 제천 → 충주 → 원주로 되어 있다.

31) 이 책은 정시한(1625-1707)의 사찰 순례기이다. 조선 시대에 숭유억불(崇儒抑佛) 정책으로 불교가 탄압받던 시기에 예순두 살의 선비가 600일 가까이 청주에서 원주, 보은, 상주, 황간, 김천, 성주, 합천, 거창, 함양, 진주, 남원, 구례, 하동 등으로 이어지는 유람을 통해 전국의 명산대찰들을 둘러보면서 그 여정을 꼼꼼하게 일기로 기록한 것이다.

양산 원적산 일대의 여정은 5월 19일부터 시작되었다. 5월 18일 언양의 장천사에 들러 그곳 스님의 안내로 반구대를 구경하고 연고사에서 유숙한 뒤 5월 19일 간월사 입구의 선유동仙遊洞[32]을 구경하고 양산의 통도사를 거쳐, 남한산성에서 활약한 승장僧將 지일智日 스님이 창건하여 그곳에 머물고 있던 부도전浮屠殿에서 유숙하고 이튿날 조식을 먹은 뒤 그곳을 출발하여 원적산으로 향하였다. 원적산 내의 암자에 묵으면서 여러 암자를 구경한 뒤 5월 24일 그곳을 떠나 다시 장천사에 도착하기까지 4박 5일의 일정을 마무리하였다.

정시한은 한양 출신의 학자로서 강원도 원주의 법천法泉에 낙향하여 평생 벼슬길에 나가지 않은 인물이었다. 본관은 나주羅州이고 자는 군익君翊이며 호는 우담愚潭이다. 그는 이기론理氣論과 사단칠정론四端七情論을 정밀하게 분석한 이기사칠설理氣四七說을 전개하여 퇴계退溪 이황李滉의 도통을 계승하였는데, 「사칠변증四七辨證」을 통해 율곡栗谷 이이李珥의 성리설을 41조에 걸쳐 조목별로 비판함으로써 퇴계학파의 형성에 기여하였다. 문하에 이식李植·황수일黃

32) [필자 주] 선유동(仙遊洞)은 신선이 노닌 골짜기라는 뜻으로, 울산광역시 울주군의 신불산과 간월산에서 내려오는 작괘천(酌掛川) 골짜기를 가리킨다. 작괘천에는 작천정(酌川亭) 앞의 너럭바위에 파인 돌개구멍(pot hole)을 신선이 놀다가 떠나면서 걸어 놓은/남긴 술잔이라고 규정한 설화가 전해지고 있다. 정시한이 이곳을 유람한 1688년 무렵에는 이 골짜기가 선유동으로 불렸다는 사실을 알 수 있다.

壽一·이만부李萬敷·권두경權斗經 등을 두었고 문집 『우담집愚潭集』이 전한다.

[『산중일기』의 양산 천성산 관련 부분]

■ 5월 20일, 신묘辛卯. 때때로 흐렸다가 맑았다.

암자 안에서 식사를 대접하였다. 신묵과 문박에서 작별하고 큰절[통도사]로 들어가지 않고 곧장 골짜기 어귀를 나와 20여 리를 가서 원적산元寂山[33] 골짜기 어귀에 이르렀는데, 두 산이 묶인 것처럼 우뚝 솟아 있었다.

냇물을 따라 오르니 길은 매우 위험하여 때로는 걷다가 때로는 말을 탔다. 소나무가 그늘을 이루어 그윽하고 깊숙했으며 길은 깊고 멀었다.

10여 리를 가서 대둔사大芚寺[34]에 이르러 빈 다락에 올라앉으니 원식圓識 노 스님이 나와 맞이하였다. 전라도全羅道에서 온 탄오坦悟 스님이 있었는데, 일찍이 금강산金剛山에서 보았으므

33) 원적산(元寂山): 『여지도서』 양산군 산천, "원적산(圓寂山). 양산군의 북쪽 32리에 있다. 일명 천성산(千聖山)이라고도 하며, 소금강산(小金剛山)이라고도 한다."

34) 대둔사(大芚寺): 『사찰전서(寺刹全書)』, "양산군 천성산(千聖山) 내원암(內院庵) 산내(山內)에 있다. 대둔암(大芚庵)으로도 불렸고, 지금은 대둔로전(大芚爐殿)으로 불린다. 신라 선덕왕 15년(646)에 원효(元曉) 조사(祖師)가 창건하였고, 숙종 21년(1695) 쯤에 태선(太善) 대사가 중창하였고, 정종 16년(1792)에 보정(普淨) 대사가 개창(開刱)하였다."

로 맞이하여 인사를 올리면서 기뻐하였다.

절 안에서 점심밥을 대접하여 식사를 마치고서 노비와 말은 머무르게 하고 불지암佛地庵[35]으로 올라갔다. 탄오에게 속옷과 두루마기 일곱 벌을 빨래하게 하였다. 높은 비탈길로 몇 리를 가서 불지암에 이르렀다.

석겸釋謙이 보고 놀라서 사철思哲 수좌首座에게 알리니 수좌 또한 나와서 보고는 놀라고 기뻐서 마주 보며 할 말을 잊었다. 조용히 이야기를 나누다가 저녁밥을 준비하여 대접하였다. 또 초성楚性·경순敬淳 수좌가 있어서 함께 두루 살펴보다가 또 금수金水[36]를 보았다.

금수는 석굴石窟 속에 있는데 너비가 몇 칸(間)가량이었다. 앞쪽에는 구멍이 창문처럼 있고, 물 표면은 황금빛이 휘황찬란하여 눈을 어지럽혔다. 물고기 여섯 마리가 노닐고, 물속은 밝고 깨끗하여 다른 잡다한 티가 없었다. 큰 바위가 병풍처럼 열을 지어 있어 웅장하기가 비할 데 없었다. 석굴 앞

---

35) 불지암(佛地庵): 『여지도서』 양산군 사찰, "불지암(佛池庵). 원적산(圓寂山)에 있다. 절 뒤의 바윗굴에 샘이 있는데, 사방이 가히 3~4척이고 깊이는 가히 반 척(半尺) 쯤으로 마르지도 않고 넘치지도 않는다. 그 빛깔은 황금(黃金)과 같으며, 샘 속에는 서너 마리의 물고기가 노닌다. 지금 암자는 무너지고 터만 남아 있다."

36) 금수(金水): 『신증동국여지승람』 양산군 불우(佛宇), "불지사(佛池寺)는 원적산(圓寂山)에 있다. 절 북쪽의 바위 언덕 아래에서 샘이 솟아 나오는데, 빛깔이 금빛과 같다."

불지 뒤편의 깎아지른 벼랑

은 매우 평평하고 넓어 가히 사람 백여 명이 앉을 만하였다. 다만 바위의 형세가 너무 위태롭고 두렵게 억눌러서 마음이 편치 못하였다. 암자가 자리하고 있는 곳도 몹시 좁았으나 매우 맑고 깨끗하여 신선이 사는 곳 같았다.

함께 구경하다가 이내 함께 잤다.

■ 5월 21일, 임진壬辰. 맑았다.

석겸釋謙 수좌首座 및 경순敬淳이 아침저녁 식사를 대접하여 세 사람이 밥을 먹었다. 탄오坦悟가 빨래한 옷 일곱 벌을 가지고

왔다.

탄오의 스승인 응안應眼 또한 금강산金剛山에서 보았던 스님으로 와서 보았는데, 탄오와 함께 원적암元寂庵에서 거주한다고 하였다.

■ 5월 22일. 계사癸巳. 흐렸다. 오후에 천둥이 치면서 한동안 비가 내렸다.

초성楚性이 아침밥을 준비하여 위아래 사람에게 대접하였다. 각수刻手 스님 연희演熙[37]가 아래에 있는 암자로부터 와서 보았는데, 사람 됨됨이가 믿음직하고 착실하였다.

스스로 발원發願[38]하여 혼자 11년 동안 불경佛經 수천 판을 하루같이 새겼는데, 조금도 나태하지 않았다. 연희가 하는 말이 "처음 일을 시작하여 묘시卯寺[39]부터 유시酉時[40]까지 일을 하니 처음에는 뼈가 시리고 정신이 혼미했으나 10일이 지난 뒤에는 차츰 나아지고, 3개월 뒤에는 차츰 평온해지더

37) [필자 주] 연희(演熙) 스님은 각수승(刻手僧)으로 약 20년간 울산의 운흥사(雲興寺)에서 『금강경(金剛經)』 등 15종류의 불교 경전 간행에 참여하여 직접 경전을 새기고 진행 과정을 총괄한 인물이다.

38) 발원(發願): 불보살(佛菩薩)이 중생(衆生)을 제도(濟度)하려는 서원(誓願)을 일으킴.

39) 묘시(卯時): 새벽 다섯 시부터 일곱 시까지의 시각.

40) 유시(酉時): 오후 다섯 시부터 일곱 시까지의 시각.

니, 3년 뒤에는 평상시와 같아졌습니다. 동틀 무렵부터 어두워질 때까지 일을 하니 보는 사람은 또 수고한다고 여기지만 나는 팔짱 끼고 있는 것과 같습니다."라고 하였다. 손자 정경신丁敬愼이 시주자 명단을 적기에 그것을 나무판자에 써서 주었는데, 무릇 판자 2매에 수백 글자였다. 점심 때 연희 스님이 식사를 대접하러 올라왔다가 저녁 불공佛供을 드리러 내려갔다.

오후에 한동안 비가 내렸다. 저녁 불공 때가 다 되어 손자 정경신 및 경숙庚宿과 함께 원적암元寂庵으로 향했는데, 석겸釋謙이 길을 안내하였다.

성불암 전경

성불암成佛庵[41]에 이르러 잠시 쉬다가 도솔암兜率庵을 지나 원적암에 이르니 날이 저물었다. 극민克敏 수좌와 함께 조실祖室에서 잤다. 말에 편자를 부착하니 다리를 절뚝거리며 서 있다고 하므로 염려할 만하였다.

■ 5월 23일, 갑오甲午. 흐렸다.

동틀 무렵에 극민克敏과 함께 이야기를 나누었다. 그는 그 학문에 힘쓴 지 이미 오래여서 공부하는 차례에 대해서 능숙하게 말한 가운데 취할 만한 말이 많았다. 또한 유가儒家[42]에서 공부할 곳을 능숙하게 말하는 것으로 보아 많은 책을 널리 본 사람이었다.

응안應眼·탄오坦悟가 아침밥을 준비하여 대접하였는데, 예전부터 서로 얼굴을 알 정도로 친분이 있어 정성을 다하여 반찬을 갖추었으므로 마음이 매우 미안하였다.

밥을 먹은 뒤에 곧바로 불지암佛地庵으로 돌아오려고 하니, 극민이 매우 알뜰하게 마음을 쓰는 뜻이 있었다. 탄오가 짐을 짊어지고 따라왔다.

---

41) 성불암(成佛庵): 『태고사사법(太古寺寺法)』, "양산 원적산(圓寂山)[천성산(千聖山)] 내원암(內院庵)의 산내(山內) 암자로, 통도사(通度寺)의 말사(末寺)이다."

42) 유가(儒家): 공자(孔子)의 학설(學說)과 학풍(學風) 등을 연구하고 신봉하는 학자나 학파.

경숙庚宿을 먼저 보내어 병이 난 말과 자원紫遠에 대해 묻게 하였는데, 돌아와서 하는 말이 말은 다리를 쩔뚝거려 갈 수 없다고 하므로 출발을 멈추었다.

오후에 양산[43]군수 내아內衙의 자제 유광적[44]이 김 서생書生과 함께 와서 금수에서 유람하며 두루 보고 갔다.

원적암元寂庵의 화주[45] 귀일歸一은 구례求禮 사람으로, 사람 됨됨이가 믿음직하고 착실하였다. 지나면서 보고는 함께 한참 동안 이야기를 나누다가 작별하고 갔다.

암자에서는 탁의卓衣[46] 및 이불보를 만들고 있었다. 또 연등燃燈을 만들기 위해 온 사람들이 있어 스님들이 겨를이 없었다.

---

43) 양산(梁山): 『여지도서』 양산부 건치 연혁, "신라 문무왕 때 상주(上州)와 하주(下州)의 땅을 나누어서 삽량주(歃良州)를 두었는데, 상주는 지금의 상주(尙州)이고, 하주는 지금의 창녕(昌寧)이다. 조선 태종 때 지금의 이름으로 고쳤다."

44) [필자 주] 유광적(柳光迪)은 1688년 당시 양산군수로 있던 유정휘(柳挺輝, 1625-1695)의 장손(長孫)이다. 그는 유정휘의 장남 성시(聖時)의 자녀 4남 2녀 중 장남이다. 유정휘의 생평에 대해서는 이현일(李玄逸)의 〈통정대부 여주목사 유공 묘갈명(通政大夫驪州牧使柳公墓碣銘)〉(『갈암집(葛庵集)』 권24, 「묘갈(墓碣)」) 참조. 그는 자가 중겸(仲謙)이고 호가 공공재(空空齋)이며, 사간원정언(司諫院正言)·여주목사(驪州牧使) 등을 지냈다.

45) 화주(化主): 집집으로 다니면서 결연(結緣)의 법을 설(說)하고, 시주로 내는 재물을 얻어 절의 양식(糧食)을 이어 대는 스님.

46) 탁의(卓衣): 가사(袈裟). 스님이 장삼(長衫) 위에 왼쪽 어깨에서 오른쪽 겨드랑 밑으로 걸치어 입는 법복(法服).

■ 5월 24일. 을미乙未. 맑았다. 아침에 날씨가 차갑다가 오후에 더웠다.

먼동이 틀 무렵에 절에서 재齋를 올렸다. 동틀 무렵에 경숙庚宿을 대둔사大芚寺로 보내어 병든 말과 자원紫遠을 탐문하게 하니 돌아와서 하는 말이 "말이 조금씩 쩔뚝거린다."고 하였다.

밥을 먹은 뒤에 출발하여 사철思哲·석겸釋謙 등 여러 스님이 고개 위에서 전송하였고, 응안應眼 또한 와서 전송하며 매우 알뜰하게 마음을 쓰는 뜻이 있었다.

내려와 대둔사 시냇가에 이르렀는데, 원식圓識 노 스님이 와서 작별하면서 곶감 두 꼬치를 주었다. 집강執綱 삼학三學 스님 또한 와서 전송하였다.

골짜기 어귀를 걸어 나오는데 말이 쩔뚝거려 갈 수 없었으므로 어린 노비에게 짐을 나누어 짊어지게 하고 40리를 갔다. 덕천역德川驛에서 밥을 지어 먹고, 또 30리를 가서 장천사障川寺[47]에 이르렀다. 절 안에서 저녁밥을 대접하였고, 불존佛尊 법능法能 스님의 방에서 잤다.

47) [필자 주] 장천사(障川寺)는 울산광역시 울주군 두동면 천전리 265번지에 있던 통일신라 시대 때 건립된 사찰로, 지금은 폐사되어 터만 남아 있다.

법능 스님은 연세가 79세인데도 정력이 쇠하지 않아 동틀 무렵과 저녁에 종을 쳐서 울리고 배불拜佛[48]을 하며, 마당과 집을 쓸고 닦아 깨끗이 하는 것이 매우 극진하고 충실하였다.[49]

■ 二十日辛卯 或陰晴 菴中饋食 別默於門外 不入大寺 直出洞口 行二十里許 至元寂山洞口 兩峙如束 緣川而上 路頗危險 或步或騎 松樹成陰 幽邃深遠 十餘里至大芚寺 上坐空樓 老圓識出接 有全羅僧坦悟 會見於金剛山 迎拜歡然

寺中饋午飯 飯迄留奴馬 上佛地菴 使坦悟洗單衣裙七事 行峻坂數里至菴 釋謙見而驚 報思哲首坐 坐亦出見驚喜 相對忘言 叙話從容 備饋夕食 又有楚性敬淳首坐 相與周觀 仍見金水

水在石窟中 廣數間 前面有穴如窓戶 水面金色 燦爛眩目 有游魚六介 水中明淨 無他雜物 大巖列立如屛 雄壯無比 窟前頗平廣 可坐百餘人 但巖勢太壓危慄 不安于心 菴基亦俠窄

48) 배불(拜佛): 예불(禮佛), 부처님께 절하여 예(禮)를 함.

49) 이 자료는 정시한(丁時翰) 원저, 권오찬·김성찬·이동진 편찬, 『산중일기(山中日記)』 하(下)(원주시, 2012), 289-296면에서 인용한 것이다. 번역은 필요에 따라 일부 수정한 부분이 있고, 한문 원문은 이 책에 백문(白文)으로 제시되어 있으나 여기에서는 필자가 띄어쓰기하여 수록하였다.

然精洒如仙居

與之同玩 仍與同宿

■ 二十一日壬辰 晴 謙首坐及敬淳饋 朝夕食三人 悟洗衣七事來 其師應眼亦見於金剛山者來見 與悟居元寂云

■ 二十二日癸巳 陰 午後雷雨 移時楚性備饋 朝食上下

刻手僧演照自下來見 爲人信實 自發願 獨刻佛經 十一年數千板 如一日不小怠 渠言初始設 自卯至酉初 則骨酸神昏 過十日後稍勝 三月[50]後稍平 三年後則平常 自曉至昏 見者亦勞而自家如拱手而坐云 敬愼書施主名於木板 使之書給 凡兩板數百字 午演饋上 夕下齋

午後雨 移時向夕齋 與敬愼庚宿 向元寂 釋謙指路

至成佛小憩 過兜率至元寂 日向昏 與克敏首坐同宿祖室 馬着鐵蹇立云 可慮

■ 二十三日甲午 陰 曉與克敏言 則用力於其學已久 頗能言用工次第 多有可取之言 亦能言儒家做工處 博覽群書者也

50) [필자 주] 본문에 '日(일)'이라고 되어 있으나 문맥상 '月(월)'의 오사(誤寫)가 분명하므로 바로잡았다. 신대현 역주, 『산중일기』(도서출판 혜안, 2005)에서도 이 부분을 '月(월)'로 보고 새긴 바 있다.

備饋朝食 應眼坦悟自以舊相識 盡心備饌 心甚不安
食後還佛池菴 敏頗有眷意 坦悟負卜隨來
先送庚宿 問馬病與紫遠 還言馬蹇不可行 故停行
午後梁山倅衙童柳光迪與金生同來 玩金水歷見去
元寂菴化主歸一 則求禮人也 爲人信實 歷見與語 良久辭去
菴中造卓衣及寢帳 且有人來燃燈 僧輩無暇矣

■二十四日乙未 晴 朝寒午後熱 曉頭設齋 將曉送庚宿於大寺 探馬病與紫遠 還言馬小蹇云
食後發行 思哲釋謙諸人相送於嶺上 應眼亦來送 頗有眷眷意
下至大寺溪邊 老僧圓識來別 贈以乾柿二串 執綱僧三學亦來送
步出洞口 馬蹇不能行 使兒奴分負卜物 行四十里 飯德川驛
又行三十里 至障川寺 寺中饋夕食 宿佛尊僧法能房
法能年七十九 而精力不衰 曉夕鳴鍾拜佛 掃除庭宇 頗致款款

이 인용문에서 보면 정시한은 양산 통도사 부도전에서 묵고, 원적산의 대둔사에 가서 점심을 먹은 뒤 하인과 말을 그곳에 두고 불지암으로 올라갔다. 그는 불지암에서 이틀을 묵고, 원적암에 가서 하룻밤을 자고 다시 불지암에서 하룻밤을 지낸 뒤 아침을 먹고 그곳을 떠나서 대둔사를 거쳐 다시 장천사로 돌아가서 묵는 일정으로 양산과 통도사, 원적산을 유람하였다.

불지암에는 4명의 수좌 곧 석겸·사철·초성·경순 스님이 거주했다고 한 것으로 보아 이 암자가 그 당시에 제법 큰 규모를 갖춘 수도승·선승禪僧 중심의 도량이었다. 또 암자 옆의 바윗굴[불지]을 매우 실감 나게 묘사하고 있다.

> 금수는 석굴石窟 속에 있는데 너비가 몇 칸(間)가량이었다. 앞쪽에는 구멍이 창문처럼 있고, 물 표면은 황금빛이 휘황찬란하여 눈을 어지럽혔다. 물고기 여섯 마리가 노닐고, 물속은 밝고 깨끗하여 다른 잡다한 티가 없었다. 큰 바위가 병풍처럼 열을 지어 있어 웅장하기가 비할 데 없었다. 석굴 앞은 매우 평평하고 넓어 가히 사람 백여 명이 앉을 만하였다. 다만 바위의 형세가 너무 위태롭고 두렵게 억눌러서 마음이 편치 못하였다. 암자가 자리하고 있는 곳도 몹시 좁았으나 매우 맑고 깨끗하여 신선이 사는 곳 같았다.

'불지'라고 불리는 석굴 속에는 찬란하게 빛나는 황금색 물이 있고, 물속에는 물고기 여섯 마리가 노닐고 있으며, 물이 맑고 깨끗하여 다른 곳에서 찾아볼 수 없다고 하였다. 석굴은 몇 칸 규모이며 앞면에 창문 같은 구멍이 있어서 안을 들여다보거나 내부로 출입할 수 있는 구조였다. 불지가 자리하고 있는 큰 바위는 웅장한 모습으로 병풍처럼 늘어서서 사람들이 불안감을 느낄 정도로 위압감을 주며, 굴 앞에는 100명 이상의 사람이 앉을 정도로 넓고 평평한 땅이 있었다. 이런 정황을 종합해 보면 불지 옆의 불지암은 그 터가 좁기는 하지만 맑고 깨끗하여 마치 신선 세계 같은 느낌이 드는 청정한 구역이었다.

이 기행 일기는 불지와 불지암을 자세히 구체적으로 소개한 가장 이른 시기의 기록이라는 점에서 큰 의미가 있으며, 불지와 그 뒤편 바위의 묘사가 이 글보다 늦게 나온 글의 내용과 대체로 일치한다는 점에서 이 기록이 사실에 기초하여 정확하게 기술되었다는 사실을 인정할 수 있다.

또 일기에서 우리의 주목을 끄는 대목 중의 하나는 운흥사의 각수승刻手僧 연희에 대한 기록이다. 연희 스님은 그때 원적산 불지암의 아래에 있는 암자에 머문다고 한 것으로 보아 불지암에서 그다지 멀지 않은 곳에 거주하고 있었다. 그는 13년간(1668년-1690년) 15종의 불교 서적 간행에 관여한 인물로 총 13종(불서 8종, 변상도 5점)의 작업에 각수로 참여하였고 『수능엄경』과 『금강경』, 『대승기신론소』, 『선종영가집』(1684), 『벽송당야로행록』(1690)과 같은 불서에서는 각수뿐 아니라 연판과 장두 등의 역할을 겸하고 있어 판각 과정의 실무를 도맡았다고 한다.[51] 이런 인물이 어떻게 각고 정진하여 능숙한 각수가 될 수 있었는지, 그 과

51) 〈연희(演熙)〉(『한국 역대 서화가 사전』, 국립문화재연구소, 2013) 참조.

정을 간략히 소개하고 있다.

> 스스로 발원發願하여 혼자 11년 동안 불경佛經 수천 판을 하루 같이 새겼는데, 조금도 나태하지 않았다. 연희가 하는 말이 "처음 일을 시작하여 묘시卯寺부터 유시酉時까지 일을 하니 처음에는 뼈가 시리고 정신이 혼미했으나 10일이 지난 뒤에는 차츰 나아지고, 3개월 뒤에는 차츰 평온해지더니, 3년 뒤에는 평상시와 같아졌습니다. 동틀 무렵부터 어두워질 때까지 일을 하니 보는 사람은 또 수고한다고 여기지만 나는 팔짱 끼고 있는 것과 같습니다."고 하였다.

처음 일을 시작하여 묘시부터 유시까지 12시간을 새기는 일에 몰두하다 보니, 처음에는 뼈가 시리고 정신이 혼미했으나 10일 뒤에는 조금 낫고, 3개월 뒤에는 평온해지더니 3년 뒤에는 평상시처럼 되었다는 그 과정이 쉬운 것만을 찾고 어려운 것은 기피하는 현대인들에게 울리는 하나의 경종이라 하겠다. 이런 혹독한 수습 과정을 거쳐서 연희는 당대 최고의 경전과 변상도의 각수가 되었음을 보여 주는 대목이다.

2. 오희창吳喜昌, <불지기佛池記[52]> [1709년]

이 글은 오희창(1656-?)이 원적산의 불지를 탐방한 기록이다. 그는 1709년 어느 날 양산군수 김환[53]의 아들 선비 정겸·정태·정환과 예천에서 온 생원 김이갑, 군수의 조카 김정숭, 청도의 선비 서홍점과 함께 불지를 유람하였다. 그 여정은 대둔사를 거쳐 남쪽의 큰 고개[현재의 공룡능선]를 넘어가는 길이었다. 이 탐방기 이후의 불지 유람 기록에 나타나는 탐방 통로는 대체로 이 여정과 일치하고 있다.

52) 오희창(吳喜昌), 〈불지기(佛池記)〉, 『율리소방(栗里笑方)』 권3, 「문(文)」.

53) 김환(金鍰, 1650-1743)은 조선 중기의 문신으로 자가 자중(子中)이고 호가 낙애(樂厓)이며, 본관이 안동이다. 여러 관직을 두루 역임하고 1738년(영조 14)에 기로소(耆老所)에 들어갔다. 양산군수로 재임한 시기는 1705~1710년이다.

오희창은 경기도 금천[54]에 거주하다가 나중에 충청도 청주에 은거한 선비로[55] 자가 경백慶伯이고 호가 율리자栗里子이며 본관이 보성寶城이다. 1690년 진사시에 합격하였다. 울산 출신 선비 박민효(朴敏孝, 1672-1747)의 『상체헌집常棣軒集』 권1 「관서록關西錄」에 〈경백 오희창의 시에 차운하다(次吳慶伯喜昌)〉와 〈진사 오경백의 사망 소식을 듣다(聞吳進士慶伯下世)〉라는 한시가 실려 있다. 언양에 유배된 권해權瑎를 찾아가 제자가 된 박민효는 그 뒤 유배에서 풀린 스승을 따라 서울로 가서 동문인 권신경權信經·오희창·송식宋湜·정강중丁康仲 등과 어울린 인연으로 오희창의 별세 소식을 듣고 그를 애도하는 시를 지은 것이었다.

박민효의 시 〈진사 오경백의 사망 소식을 듣다〉[56]는 다음과 같다.

---

54) 금천(衿川)은 현재 서울특별시 구로구 시흥동 지역이다.

55) 『사마방목(司馬榜目)』에 오희창이 "금천에 거주한다(居衿川)." 고 기록되어 있으나, 『율리소방(栗里笑方)』 앞머리에 실린 권이진(權以鎭)의 〈율리문집서(栗里文集序)〉에 "임인년(1722) 여름에 경백이 상당[上黨, 청주의 옛 이름]에서 나를 찾아왔으나 만나지 못하고 시문 5,6백 편을 남겨서 나를 현안(玄晏)이 되게 하였다(壬寅夏 敬伯自上黨來訪余不遇 留詩文五六百篇 俾余爲玄晏)." 라는 기록으로 보아 만년에는 청주에 거주하였던 것으로 보인다.
*현안(玄晏)은 중국 진(晉)나라 황보밀(皇甫謐)의 호(號)이다. 진나라의 좌사(左思)가 10년 동안 구상하여 〈삼도부(三都賦)〉를 지었는데, 황보밀이 서문을 써서 칭찬을 하자 부자와 귀족이 서로 다투어 베끼는 바람에 낙양(洛陽)의 종이 값이 일시에 폭등했다는 고사가 전한다. 그 뒤 이 말은 다른 사람의 글을 귀하게 만드는 서문(序文)을 가리킨다.

56) 박민효(朴敏孝), 〈오진사 경백이 죽었다는 소식을 듣다(聞吳進士慶伯下世)〉, 『상체

진사 오 군은 이름이 희창인데
나라 사람들이 모두 큰 문장가라고 일컫네.
시의 조화調和는 본디 삼매三昧[57]에 통하고
발자취는 거의 팔방에 두루 미치네.
젊은 나이에 함께 노닐어 서로 시를 주고받았는데
늘그막에는 등지고 이별하여 각기 삼성과 상성[58]처럼 되었네.
동래[59]에서 홀연 규성[60]이 떨어졌다는 소식이 들리니
양산 쪽을 향해 머리 돌리고 탄식이 또 길어지네.

上舍吳君名喜昌 國人皆謂大文章
詩調自是通三昧 足跡殆將遍八方
早歲從遊相唱和 暮途睽別各參商
蓬萊忽報奎星殞 回首梁山歎更長

헌집(常棣軒集)』 권1, 「시(詩)」.

57) 삼매(三昧)는 원래 불교 용어로, 마음을 한곳에 모아 조금도 산란하지 않게 하는 정신 작용을 뜻한다. 나중에는 어떤 분야의 오묘(奧妙)한 경지(境地)에 도달함을 일컫게 되었다.

58) 삼상(參商)은 삼성(參星)과 상성(商星)으로 서방 신(申)의 위치에 있는 삼(參)과 동방 묘(卯)의 위치에 있는 상(商)이 동서로 떨어져 있어 서로 만날 수 없으므로 오랫동안 서로 만나지 못함을 비유한다.

59) 봉래(蓬萊)는 동래(東萊)의 옛 이름이다.

60) 규성(奎星)은 28수 중 서쪽에 위치하며 문운(文運)을 관장하는 별이다.

박민효는 이 시에서 오희창의 시는 조화調和가 심오한 경지에 이르렀다는 점과 자취가 팔도에 두루 미쳤다는 사실을 지적한 뒤, 젊은 시절에 함께 어울리며 시를 주고받았으나 늘그막에는 자주 만나지 못하는 사이였음을 회고하고 있다. 시인은 오희창이 만년에 동래와 양산 지역에 거주하다가 그곳에서 사망한 사실을 애도하면서 시를 마무리하고 있다.

[〈불지기〉 전문]

원적산은 양주[61] 치소[62]의 동북쪽 길 30리에 있다. 가운데가 갈라져서 두 산이 되고 서로 마주 보며 서 있는데 북쪽은 절[대둔사][63]이고 남쪽은 불지佛池의 뒤편이다. 율리자[64]가 그 절에 이르러 그 다락[범종루梵鍾樓]에 올라가니 겹친 봉우리와 층진 산은 눈 아래에 펼쳐진 것이 천 개이고, 구름 밖

61) 양주(梁州)는 양산의 옛 이름이다.

62) 치소(治所)는 동헌(東軒), 내아(內衙) 등 수령(守令)의 관아(官衙)가 있는 곳이다.

63) 절은 현재의 노전암(爐殿菴) 자리에 있던 대둔사(大芚寺)를 가리킨다. 원래 이 자리에는 신라 때 원효대사가 창건한 대둔사가 있었으나 임진왜란 때 절이 소실되자 그곳에 있던 본존불을 용연암(龍淵菴)에 옮겨 모시고 암자의 이름을 대둔사로 고쳤다. 원래의 대둔사에서 옮겨 온 불상을 모시던 용연암 관음전이 후에 대둔사 대웅전이 되었으므로, 암자의 이름을 노전이라 하였다고 한다. 노전은 부처를 모시고 향을 공양하는 향로가 있는 전각을 뜻한다.

64) 율리자(栗里子)는 오희창(吳喜昌)의 호(號)이다.

노전암(대둔사 자리에 들어선 암자) 대웅전과 석탑

으로 솟아난 것이 셋이었다. 바라보고 있노라니 스님이 이르기를 "석양 속의 산입니다." 하였다.

이에 짧은 지팡이를 짚고 남쪽으로 절 문 밖에서 5백 걸음을 가니 시내였다. 시내 남쪽으로 한 걸음도 안 되는 곳에 산이 높이 서 있어서 제대로 볼 수 없는데, 땅에 새끼줄이 드리워진 한 줄기 길이 있었다.

이날 나막신[65]을 신고 함께 간 사람은 일곱 명이었다. 선비[66] 김정겸과 그 아우 정태·정환은 재주가 한 쌍의 아름다운 옥[67]을 이루고 행실이 우아하며, 말과 글[68]이 자못 가정 내의 학습이 있었다. 그다음 생원[69] 김이갑[70]은 영남의 이름난 선비[71]이고, 그다음 서홍점[72] 군은 구성[73] 사람이며, 그다음 김정숭 소년은 군수[74]의 조카로 양산에 와 있는 녀석인데 사실은 선비 김정겸 보[75]의 사촌 아우였다.

---

65) 납극(蠟屐)은 밀랍을 칠하여 거죽이 반들반들하게 된 나막신이다.

66) 조대(措大)는 서생(書生)이나 청빈한 선비를 뜻한다.

67) 연벽(聯璧)은 한 쌍의 아름다운 옥으로, 두 가지가 서로 필적할 정도로 훌륭함을 의미하며 연벽(連璧)과 같은 말이다. 쌍벽은 형제 또는 두 사람이 서로 우열을 가리기 어려울 만큼 나란히 뛰어남을 뜻한다.

68) 사령(辭令)은 사교나 외교에서 응대(應對)하는 말인데, 말과 글의 범칭(汎稱)으로 사용된다.

69) 상사(上舍)는 생원(生員)이나 진사(進士)를 뜻한다.

70) 김이갑(金爾甲, 1666-?)은 『기묘식년 사마방목(己卯式年司馬榜目)』에 의하면 1699년(숙종 25) 기묘(己卯) 식년시(式年試)에서 생원(生員) 2등(二等) 25위로 합격하였다. 그는 본관이 의성(義城)이고, 자(字)가 원중(元仲)이며, 예천(禮泉)에 거주하였다.

71) 명하사(名下士)는 큰 이름을 누리는 선비를 뜻한다.

72) 서홍점(徐弘漸)은 청도에 거주한 조선 후기의 선비로, 본관이 이천(利川)이며 호조참의(戶曹參議)에 추증되었다. 아들 석린(錫麟, 1710-1789)은 언양(彦陽)으로 이사하여 거주하였으며, 1761년 7월에 불지를 유람하고 〈유불지기(遊佛池記)〉를 남겼다.

73) 구성(駒城)은 경기도 용인(龍仁)의 옛 이름이다.

74) 태수(太守)는 수령(守令)의 이칭으로, 여기에서는 양산군수 김환(金鍰, 1650-1743)을 가리킨다. 그는 1705~1710년 사이에 양산군수로 있었다.

75) 보(甫)는 전통 시대에 남자(男子)의 이름 뒤에 붙여서 쓴 미칭(美稱)이다.

노전암 대웅전에서 바라본 공룡능선(가운데 안부 너머에 불지가 있다)

맨 뒤편에 있는 몇 사람은 모두 매달려 끌어당기면서 올라갔다. 꼭대기에 올라가니 절이 내 다리 아래에 있지만 사실은 5리쯤 멀리 떨어진 곳이었다. 꺾어서 서쪽으로 수백 걸음 되는 지점에 불지라고 부르는 곳이 있는데, 절의 남쪽 산이었다. 층진 산봉우리 하나가 삐죽 솟았는데 그 꼭대기의 높이가 일천 자[척尺]이고 크기가 일천 아름이었다. 그리고 남쪽 산허리 한 모퉁이를 내려가니 땅에 드리워진 한 짧은 날개 같은 처마가 나타났다. 그 아래에 있는 암자는 방 한 칸, 마루 한 칸, 부엌 한 칸으로 나뉘고 지붕은 반쪽씩 기와와 너와로 덮여 있는데, 너와는 그 바위 위에 있었다. 이에 그 문을 여니 단청[76] 아래에 반 길쯤 되는 황금 부처 몸체가 마치 살아 있는 듯하고 창과 벽은 깨끗하여 한 점 티끌이 없었으나 다만 승려가 보이지 않았다. 대체로 양곡을 끊고 도를 배우는 자가 아니면 기거할 수 없다고 할 것이었다. 그 남쪽도 천 개의 봉우리인데 뜰에는 다섯 걸음쯤 되는 땅만 있을 뿐 다른 것은 없어서 가까이 가서 서 있을 수 없었다. 양산군수[77]에게 물었더니 "왕년에 이름을 묘정妙淨이라고 하는 사람이 이 암자에 살면서 5년 동안 한 번도 먹지 않고 겨울이나 여름이나 한 가지 승복을 입었으며, 추위에 불도 때지 않고 앉아서 입을 열지 않았습니다. 다만 날마다 한 바가지의 금수金水만 마셨으니 용모를 구경하는 여성들 때문에 죽고 만 위개[78]보다 더 곤궁하였습니다." 하였다. 아, 이곳은 참으로 도인이 사는 곳이었다.

---

76) 단확(丹雘)은 단청(丹靑)을 뜻한다.

77) 사군(使君)은 수령(守令)의 이칭(異稱)이다.

78) 이 구절은 간살위개(看殺衛玠)의 고사(故事)를 염두에 둔 표현이다. 중국 진(晉)나라의 현학가(玄學家)이자 청담으로 유명한 위개(衛玠, 286-312)는 너무나 용모가 아름다워서 가는 곳마다 사람들이 둘러싸고 구경하는 바람에 그 압박감을 이기지 못하고 젊은 나이로 죽었다. 당시 사람들이 "위개는 구경거리가 되어서 죽었다."고 하였다.

이로부터 서쪽으로 10보를 가니 바위 아래에 남쪽을 향한 구덩이 하나가 있는데 참한 석실이었다. 사람 수십 명이 들어갈 수 있고, 지척[79] 열 개를 세울 만하였다. 앞에 있는 것이라고는 10보 바깥이 모두 깎아지른 골짜기인데, 다만 서너 그루의 큰 소나무가 축축 늘어져 있었다. 그래서 하늘을 올려다보면서 그 아래로 나아가서 살펴보니, 맑은 샘물이 석실 가운데서 생겨나서 거울 면 하나를 열고, 반 자 길이의 나무를 적시고 있으니 정녕 새지 않는 하나의 물동이였다. 그 색은 드맑고 그 맛은 차가워서 신선의 음료[80]일 수밖에 없었다.

그래서 날씨가 화창하고 기운이 따사로워져서 석실 입구에 햇살이 비치면 물 색깔은 노란빛이 떠오르고 절로 넘실거리는 지경에 이르러서 맺히면 금 거품이 되고 펴지면 금물결이 되었다. 합쳐지면 큰 잎의 금 꽃술이 되었다가 간혹 금국화처럼 작아지기도 하고, 합쳐진 것이 흩어지면 간혹 금실처럼 가늘어지며, 흩어진 것이 합쳐지지 않으면 간혹 점

79) 지척(指尺)은 손가락의 폭을 기준으로 설정한 자[척(尺)]로, 장년 농부의 수지(手指)를 표준으로 네 손가락의 폭을 4촌(寸)으로 보고 10촌을 1척(尺)으로 삼는다. 1지척은 19.5cm 내외이다.

80) 옥장(玉漿)은 선인(仙人)의 음료(飮料)이고, 경액(瓊液)은 마시면 장생(長生)한다는 액체이다.

불지(금수) 입구

점이 금가루를 뿌린 것처럼 되었다가 뜬 것이 합쳐지려 하였다. 그러나 잔에 담으면 금물이 아니고 움켜쥐어도 꽃이 아니지만 담은 것을 엎으면 다시 금물이 되고, 움켜쥔 것을 되돌려 놓으면 다시 꽃이 되니 그 이치를 헤아릴 수 없었다. 그리고 그것은 마셔도 줄어들지 않고 마시지 않아도 넘치지 않으니 또 무슨 이치인가? 비바람에 나뭇잎이 어지러이 날려서 산중의 구멍에 모두 가득한데도 다만 이 구덩이 속의 물은 날리는 물건 하나도 받아들이지 않아서 찌꺼기가 없으니 그 또한 기이하였다. 심지어 물가를 두르고 있는 푸른 것은 이끼 색깔이어서, 금빛과 푸른빛이 한 감실[81]의 봄물에 섞여 비치니 이것도 물의 기이한 곳이었다.

또 저 금물결 속에서 서로 부대끼면서 앞에서 헤엄치는 한 마리 물고기는 은빛 주둥이에 옥빛 비늘로 그 길이가 열 치 남짓이었다. 코 밑 수염이 서릿발 같은 스님[82]이 "예전에 물고기 한 쌍이 있었는데, 백 년 전에 물새가 그중 한 마리를 엿보아 물고서 숲을 지나가다가 갑자기 천둥 벼락을 맞았답니다." 하고는 돌아보면서 다음과 같이 말하였다.

"이곳은 선인仙人이 사는 곳입니다."

"부처님의 황금 샘입니다."

"물고기는 유람객이 싸서 온 것입니다."

"신령한 산악의 기이한 산물입니다."

"금물결의 찬란함은 햇빛이 비치기 때문입니다."

"바위 사이의 물에 무슨 한계가 있겠습니까? 햇빛을 받아서 황금이 된다는 말은 듣지 못했습니다."

---

81) 감실(龕室)은 불상(佛像)이나 신주(神主) 등을 안치시키기 위하여 만든 공간으로, 감(龕)이라고도 한다.

82) 상인(上人)은 지덕(智德)을 갖춘 불제자(佛弟子) 혹은 승려의 존칭(尊稱)이다.

"안에 있을 때는 금이 되고 밖으로 나오면 문득 맑아지는 것은, 생각건대 아래에 금이 있어서 기운이 물로 쏟아져 나온 것입니다."

"색상의 신령함은 기이한 곳을 신이 만들었음을 증명합니다."

"바위문은 기둥을 뚫은 것입니다."

"옛날 부처님의 기둥[83]이지 조물주의 자취가 아닙니다."

"이곳도 원적산입니다."

"원적산은 작은 금강산의 이름입니다."

말을 마치자, 그와 이별하고 다시 암자를 지났다. 산 아래로 10리를 와서 머리를 돌리니 그사이에 구름과 안개가 피어나고 있었다.

圓寂在梁州治之東北道三十里 中分爲兩山 相對而起 北者寺南者佛池之背 栗里子至其寺 上其樓 疊巘層巒 摩挲眼底者

83) 고석주(古釋柱)는 옛날 부처님의 기둥으로, 인도의 아소카왕이 각지의 불교 성지에 세운 기념 석주(石柱)를 가리킨다. 높이는 10~13m이며 기둥머리에 사자, 소 등이 새겨져 있다. 네팔 국경 근처의 석주가 원형대로 있으며 부분적으로는 30개 정도가 남아 있다. 아소카왕은 인도 마가다국 마우리아 왕조의 제3대 왕으로, 인도 최초의 통일 왕국을 세워서 불교를 보호한 왕으로 많은 설화를 남겼다. 재위 기간은 B.C.268~232년이다.

千 聳出雲之外者三 眺望之間 僧曰 夕陽山矣 於是以短笻南寺門外半千步川 川之南不一步山 山直立 不可平看 有路一條 繩垂地

是日客之蠟屐者七 金措大正謙與其弟正泰正渙 聯璧行媚 辭令頗有家庭之學 其次金上舍爾甲 嶺之名下士也 其次徐君弘漸 駒城人 其次金少年正崇 以太守之侄 遊於梁者 實金措大正謙甫從弟也

最後者 喜從者若干人 皆攀援而上 至絶頂處 寺在脚下 實五里而遙者 折而西數百步曰佛池 寺之南嶽也 一峰層巒秀出其巓高千尺 大千圍 而南腰下一角 垂地生一短翼如簷 菴在其下 房一間 廳一間 竃一間而分 屋上一半 覆以瓦與木瓦 木瓦者以其巖在上也 於是開其門 丹雘之下 半丈金身者若生窓壁淨無一點埃 而獨不見僧 盖非休糧學道者莫能居云 其南亦千峰 而庭有五步無他地 不可迫立也

問諸梁之使君 曰往年見一僧於是菴 五年不一食 冬夏一衲寒不黔堗 坐不開口 惟所飮日一瓢金水 困於看衛玠遁 噫此眞道人之棲地也

於是由而西十數步 巖下一竇向南 眞石室也 可容數十人 十指尺可建 而在前者十步之外 皆絶壑 惟三四長松落落 而昂霄就其下而諦之 玉波從石室中生 開一鏡面 而沾半尺之木眞不漏之一盆也 其色淡淡 其味洌 玉漿瓊液而已

而及其天和氣暖 石口當陽 則水色浮黃 自至瀲灩 纈而爲金沫 舒而爲金波 合而爲大葉金蘂 或小如金菊者 合者散也 或細如金縷者 散者未合也 或點點如金灑者 浮者欲合也 而酌之非金 掬之非花 然酌者覆之 復爲金 掬者還之 復爲花 未可測者其理 而飮之不縮 不飮亦不溢 又奚理也 風雨木葉亂飛山中之竅穴皆滿 獨此竇中水 不受一飄物不滓 其亦異矣 至如環水涯而青者 苔色也 金碧交映於一龕春水 此亦水之奇處也

且夫澈撇於金波之中 而游泳虖前者 一魚也 銀唇玉鱗 其長十寸有餘 霜髭上人者曰 昔有雙魚 百年之前 水鳥竅其一 啣過樹 暴雷震之云 顧謂曰 此仙人之境 曰佛氏之金井也 曰魚遊人之苞 曰神岳之異產也 曰金波之爛 日光之映 曰石間之水何限 未聞得日而金也 曰在中而爲金 出外而便淡 意者金在下 而氣射於水 曰色相之靈 驗異境之神造也 曰石門之柱鑿矣 曰古釋柱非造化之迹也 曰此亦圓寂之山 曰寂而金剛之小號也

語罷 與之別 復過菴 至山下十里而回首 雲霧生其間

이 인용문의 내용 중 불지 또는 불지사와 관련한 부분에 초점을 맞추어 그 부분만 살펴보자. 먼저 대둔사[현재의 노전암 자리에 있던 절]에서 불지로 통하는 높다란 고개를 올라가는 길의 험난함은 "맨 뒤편에 있는 몇 사람은 모두 매달려 끌어당기면서 올라갔다. 꼭대기에 올라가니 절[대둔사]이 내 다리 아래에 있지만 사실은 5리쯤 멀리 떨어진 곳이었다."라고 하여 대둔사 앞쪽에서 정면을 막아 가로로 버티고 선 능선[현재의 공룡능선]을 향해 곧바로 치고 올라갈 수밖에 없는 매우 가파르고 험한 길이라는 사실을 알려 준다. 능선에서 조금 아래로 내려간 곳에 자리한 큰 바위, 곧 불지의 뒤쪽 배경이 되는 거대한 벼랑은 "높이가 일천 자[척尺]이고 크기가 일천 아름"이었다. 그 아래에 있는 불지암의 위치와 모습은 다음과 같이 소개되어 있다.

> 남쪽 산허리 한 모퉁이를 내려가니 땅에 드리워진 한 짧은 날개 같은 처마가 나타났다. 그 아래에 있는 암자는 방 한 칸, 마루 한 칸, 부엌 한 칸으로 나뉘고 지붕은 반쪽씩 기와와 너와로 덮여 있는데, 너와라는 것은 그 바위의 위에 있었다. 이에 그 문을 여니 단청 아래에 반 길쯤 되는 황금 부처 몸체가 마치 살아 있는 듯하고 창과 벽은 깨끗하여 한 점 티끌이 없었으나 다만 승려가 보이지 않았다. 대체로 양곡을 끊고 도를 배우는 자가 아니면 기거할 수 없다고 할 것이었다. 그 남쪽도 천 개의 봉우리인데 뜰에는 다섯 걸음쯤 되는 땅만 있을 뿐 다른 것은 없어서 가까이 가서 서 있을 수 없었다.

불지와 불지암 상상도(봄·여름, AI)

불지와 불지암 상상도(가을, AI)

불지와 불지암 상상도(초겨울, AI)

불지와 불지암 상상도(설경, AI)

인용문에서 언급한 불지암은 땅에 드리워진 한 짧은 날개 같은 처마에 방 한 칸, 마루 한 칸, 부엌 한 칸뿐인 세 칸짜리 집이었다. 지붕은 기와와 너와가 반쪽씩 덮여 있는데 너와는 그 바위 위에 얹혀 있었다. 법당 안에는 창과 벽이 깨끗하고 반 길가량의 살아 있는 듯한 황금 부처가 단청 아래에 모셔져 있지만 승려의 모습이 보이지 않았다. 이곳은 양곡을 끊고 살며 도를 깨치려고 정진하는 승려가 아니면 거주하기 어렵다고 판단한 필자가 양산 군수에게 물어보니, 그는 왕년에 5년 동안 이곳에서 벽곡辟穀하며 빈한하게 산 '묘정'이라는 승려가 있었다고 설명해 주었다.

이제 불지의 외부와 내부를 구체적으로 살펴볼 순서가 되었다. 불지암에서 서쪽 10보 지점에 있는 구덩이 석실이 바로 불지인데 수십 명의 사람이 들어갈 수 있는 크기에 높이는 10지척가량이고 앞쪽으로 10보 바깥 지점은 모두 깎아지른 골짜기라고 하였다. 그 구체적인 모습을 묘사한 대목은 다음과 같다.

> 맑은 샘물이 석실 가운데서 생겨나서 거울 면 하나를 열고, 반 자 길이의 나무를 적시고 있으니 정녕 새지 않는 하나의 물동이였다. 그 색은 드맑고 그 맛은 차가워서 신선의 음료일 수밖에 없었다. 그래서 날씨가 화창하고 기운이 따사로워져서 석실 입구에 햇살이 비치면 물 색깔은 노란빛이 떠오르고 절로 넘실거리는 지경에 이르러서 맺히면 금 거품이 되고 퍼지면 금물결이 되었다. 합쳐지면 큰 잎의 금 꽃술이 되었다가 간혹 금 국화처럼 작아지기도 하고, 합쳐진 것이 흩어지면 간혹 금실처럼 가늘어지며, 흩어진 것이 합쳐지지 않으면 간혹 점점이 금가루를 뿌린 것처럼 되었다가 뜬 것이 합쳐지려 하였다. 그러나 잔에 담으면 금물이 아니고

움켜쥐어도 꽃이 아니지만 담은 것을 엎으면 다시 금물이 되고, 움켜쥔 것을 되돌려 놓으면 다시 꽃이 되니 그 이치를 헤아릴 수 없었다.

이처럼 신비한 모습을 지닌 불지는 그 물을 마셔도 줄어들지 않고 마시지 않아도 넘치지 않으며, 비바람에 나뭇잎이 어지러이 날려서 산중의 구멍에 모두 가득한데도 다만 이 구덩이 속의 물은 날리는 물건 하나도 받아들이지 않는 기이한 모습이었다. 심지어 물가를 두르고 있는 이끼는 푸른빛에다, 금빛과 푸른빛이 감실의 봄물에 섞여 비치는 기이한 현상도 있었다.

수십 명이 들어가는 불지 내부

또 황금물결 속에는 열 치 남짓한 물고기 한 마리가 은빛 주둥이에 옥빛 비늘로 헤엄치고 있다고 하였다. 흰 수염의 노 스님이 전설을 전해 주기도 하였는데, 곧 예전부터 불지에 살고 있던 한 쌍의 물고기 중에서 한 마리를 백 년 전에 물새가 틈을 엿보아 물고서 숲을 지나가다가 갑자기 천둥 벼락을 맞아 죽었다는 것이다. 이것은 인과응보적 세계관에 바탕을 두고 불지의 영험을 드러내려는 의도가 반영된 설화라고 할 만하다.

이상에서 살펴보았듯이 오희창의 〈불지기〉는 마지막 부분의 설화를 제외하면 대체로 이 글에 소개된 불지와 불지암에 대한 정보는 마치 그 모습을 눈앞에서 바라보는 것으로 착각할 만큼 묘사가 구체적이고 치밀하다고 하겠다.

참고: 오희창吳喜昌, 〈원적산 기우제문〉[84]

관리는 임금에게서 명을 받아 고을[85]을 다스리니 백성의 삶과 죽음은 진실로 관리의 근심이 됩니다.

그런데 수령이 고을의 산천을 다스리고 그 은택을 베풂에 이르면 또한 산천은 신의 책임이기도 합니다.

---

84) 오희창(吳喜昌), 〈원적산 기우제문(圓寂山祈雨祭文)〉, 『율리소방(栗里笑方)』 권4, 「문(文)」.

85) 백리(百里)는 사방 100리쯤 되는 지역을 가리키는 말로, 작은 고을을 뜻한다. 천리(千里)는 제후국, 만리(萬里)는 천자국을 뜻한다.

그래서 관리가 그 백성을 보전하지 못하면 백성은 그 관리를 원망하고, 신께서 그 은택을 베풀지 못하면 고을 사람들이 그 신을 원망합니다.
지금 저는 정사를 베풂이 어질지 못하여 백성에게 원망이 미치고 신에게도 죄를 얻었으니 이것은 저의 허물입니다.
그런데 신께서는 그 백성을 슬퍼하지 않고 또 따라서 백성에게 재앙을 내리시니 백성은 무슨 허물이 있습니까?
그윽이 생각건대 고을 백성이 신을 원망함을 면치 못할까 두렵습니다.
아, 오늘이 무슨 날입니까?
여름이 반을 넘었는데 봄의 허물로 이미 심은 곳은 말라 죽고 아직 심지 않은 곳은 메말라서 고을의 언덕과 들판이 씻어 버린 듯합니다.
백성의 큰 목숨이 여기에서 거의 멈추니 처량한 바람은 서늘하게 불어서 그 음산한 구름을 흩어버리고, 붉은 해는 밝게 빛나서 우리의 전답을 태우니, 백성의 삶과 죽음 또한 판가름 나게 되었습니다.
허물이 토지를 지키는 이에게 있으니 무엇을 감히 말하겠습니까?
그러나 백성이 신께 의지하는 바와 신께서 백성에게 중히 여겨지는 바가 어떠합니까?
그런데 혜택은 돌아보지 않으시고 이 고을의 백성을 한 골짜기 속에서 나란히 죽게 하십니까?
부모는 그 자식에게 노여움이 있더라도 죽음에 이르도록 하지는 않고, 하늘 또한 그 백성에게 노여움이 있더라도 또 다 죽게 하지는 않습니다.
이제 신께서는 고을 사람의 부모이고 하늘입니다. 다만 다 죽게 한 뒤에야 그치실 것입니까?
원적산 위에 구름 기운이 아직 남아 있으니 구름이 성하게 생겨나서 우리 고을의 산천을 흠뻑 적셔 주시렵니까?
바라건대 강림하여 저의 조그만 정성을 흠향하시옵소서.

吏受命于君 治百里之民 民之死生 固爲吏者之憂
而至於主百里之山川施其澤 亦山川之神之責也
以故吏不得保其民 民怨其吏 神不施其澤 百里怨其神
今某爲政不仁 致怨於民 而獲戾於神 此某之咎也
而神不哀其民 又從以降災於民 民何辜焉
竊恐百里之怨神不免也
嗚呼 今日是何日也
南律過半 東作愆期 旣種而枯 未種而涸 百里之原野滌滌矣
民之大命 於斯近止 而凄風颯颯 散其陰雲 赤日杲杲 鑠我田疇 民之死生 其亦决矣
咎在守土何敢言
然民之所倚於神 神之所重於民何如也
而不肯顧惠 使斯百里之民 駢死於一壑之中耶
噫盡之矣 神雖靈又將憑於誰耶
父母怒其子 而不使至死 天亦怒其民 而亦不盡劉
今神百里之父母也天也 獨使盡劉而後已耶
圓寂之上 雲氣尙在 其欲油然而作 沛我百里山川耶
庶幾降格 歆我微誠

3. 도영하都永夏, <유통도사기遊通度寺[86]記>[87][88) [1710년]

이 글은 도영하(1655-1734)가 양산군수로 재임(1710년 7월~11월)하던 1710년 어느 날 통도사를 관람한 뒤에 불지를 찾아가서 쓴 기행문이다. 글의 제목을 보면, 통도사 유람이 이 글의 중심 제재인 것처럼 보이지만 실제 글의 내용은 먼저 통도사를 구경하고 난 뒤 대둔사를 거쳐 불지에 도달한 다음의 풍광 묘사와 전설 소개가 중심이 되고 있다. 이 글은 양산의 수령이 관할 구역의 명승을 직업 유람하고 쓴 것이 특이한 점이다.

도영하는 경상도 성주星州 출신의 문신으로, 자가 자화子華이고 호가 약오藥塢이며 본관이 성주이다. 1687년(숙종 13) 정묘 식년

86) 이 글은 원문에 '通道寺'(통도사)로 되어 있으나 문집의 목차에는 '通度寺'(통도사)로 되어 있어서 '通度寺'로 바로잡았다.

87) 제목에 "양산에 있을 때(在梁山時)"라는 주석이 있어서, 이 시의 창작 시기가 1710년임을 알 수 있다.

88) 도영하(都永夏), 〈유통도사기(遊通度寺記)〉, 『약오집(藥塢集)』 권3, 「기(記)」.

시에서 병과丙科로 급제하여 양산군수·사예司藝·상례相禮·판교判校·개성경력開城經歷·첨지중추부사僉知中樞府事·부호군副護軍 등을 지냈다.

[〈유통도사기〉 전문]

불교 신자들은 불보佛寶·법보法寶·승보僧寶를 삼보라고 하는데 지금 통도사를 불보라고 일컫는 것이 참으로 그렇지 않은가? 내가 양산에 이르러서 이른바 통도사라고 하는 곳을 보았더니, 그 전각과 제도는 다른 사찰과 다름이 없으나 다만 그 법당이 열두 군데나 있어서 그 불보라는 이름을 얻은 것이 참으로 헛되지 않았다.

두루 관람한 뒤에 곧 대곡사[89]로 갔다. 불지佛池를 보려고 가마[90]를 타고 한 치 한 치 앞으로 나아가서 가장 높은 봉우리로 올라갔다. 산봉우리 꼭대기에 세 칸짜리 절이 있었으나 (지금은) 없어져서 승려가 사는 집이 없었다. 서쪽 끝에 바위 구멍이 있는데 너비가 대여섯 자이고 높이가 서너 자였다. 가운데에 샘물이 있는데, 근원이 없고 새는 데가 없는데도 장마에 불어나지 않고 가뭄에 마르지도 않으니, 이곳이 불지였다.

---

89) 대곡사(大谷寺)는 대둔사(大芚寺)의 오사(誤寫)로 보인다. 양산에는 대곡사가 없을 뿐 아니라, 불지(佛池)에 가기 위해서는 대둔사를 거쳐야 하였기 때문이다.

90) 남여(籃輿·藍輿)는 뚜껑이 없고 의자같이 생겨서 산길을 갈 때 주로 쓰는 가마이다.

못에는 두 가지 일이 있었다. 모양이 시내의 물고기 같은 것들이 때때로 나와서 놀다가 사람을 보고 숨어서 피하니 아, 또한 기이하였다. 한낮이 되면 황금색의 액즙이 바위 구멍에서 나와 굴 가운데에 퍼져 가득하다가 해가 질 때쯤에 비로소 걷히므로 이 때문에 금수金水라고도 하였다.
어떤 사람이 전하는 말에, 옛날에 물고기 세 마리가 있었는데 한 마리를 물까마귀가 숲의 나무 위에서 먹다가 천둥이 울고 벼락이 쳐서 죽었으므로 다만 물고기 두 마리가 남았다고 하였다. 그 말은 황당함에 가까워서 이치에 통달한 사람에게 묻고 싶어도 만날 수가 없으니 탄식할 만하였다.

釋氏以佛寶法寶僧寶爲三寶 今通道寺爲佛寶云者 其誠然否 余到梁山 觀所謂通道寺者 其殿閣制度與他寺無異 而惟其法堂有十二焉 其以佛寶得名者信不虛矣
周覽畢 轉往大谷寺 欲觀佛池 以籃輿寸寸前進 上最高峰 峰頭有寺三間而廢棄 無僧屋 西頭有石竇 廣可五六尺 高可三四尺 中有井泉 無源無泄 淫潦不加 旱暵不渴 是爲佛池
池有二物 狀如川魚 時時出遊 見人隱避 噫噫亦奇矣 日當午有金色汁 出自石竇 彌滿窟中 至日入始爲收霽 以此謂之金水云
有人傳言 古有三魚 有水鳥呑食一魚於林木上 雷震而死 故只有二魚云 其說近於荒唐 欲問於達理者 而不可得 可歎也已

이 인용문 중에서 불지에 대한 부분은 다음과 같다.

> 서쪽 끝에 바위 구멍이 있는데 너비가 대여섯 자이고 높이가 서너 자였다. 가운데에 샘물이 있는데, 근원이 없고 새는 데가 없는데도 장마에 불어나지 않고 가뭄에 마르지도 않으니, 이곳이 불지였다.

이 설명에 의하면 불지암의 서쪽 끝에 있는 바위 구멍 곧 불지는 5~6자 너비에 3~4자 높이이고, 그 가운데에 있는 샘물은 수원이 없고 나가는 데가 없는데도 장마나 가뭄에 일정한 수량이 유지된다는 것이다.

그뿐 아니라 여기에는 시내의 물고기 같은 것들이 때때로 나와서 놀다가 사람을 보고 숨어서 피하고, 한낮이 되면 황금색의 액즙이 바위 구멍에서 나와 굴 가운데에 퍼져 가득하다가 해가 질 때쯤에 비로소 걷히므로 금수金水라고 부른다는 것이다.

그리고 이곳에 전하는 전설이 있다. 곧 옛날 불지에 사는 물고기 세 마리 중 한 마리를 물까마귀가 숲의 나무 위에서 먹다가 천둥 속에 벼락을 맞아 죽어서 두 마리만 남았다는 것이다. 이런 설화를 통하여 불지의 신령함을 더해 주고 있지만, 이 글의 작자 도영하는 그 비현실성에 대해 의문을 표명함으로써 실질과 합리를 추구하는 유학자의 모습을 보여 주고 있다.

4. 유의건柳宜健, <불지설佛池說>[91)]

이 글은 경주에 거주하는 선비 유의건(1687-1760)이 불지를 답사한 뒤에, 일찍이 자기 선친도 답사한 바 있던 불지를 다시 찾아온 데 대한 감회를 담아 쓴 답사기이다.

유의건은 경주 내남면 망성리 출신으로, 자가 순겸順兼이고 호가 화계花溪·정묵재靜默齋이며 본관이 서산瑞山이다. 부친 기서起瑞와 모친 학성 이씨 사이에 태어나서 작은아버지 태서泰瑞에게 입양되었다. 1735년(영조 11) 진사가 되었으나 문과에 응시하지 않고 화계花溪에 서당을 지어 제자를 양성하며 여러 서적을 두루 섭렵하였다. 특히 성력星曆 및 역학易學에 밝아 제자가 점점 많아지게 되자 그 집을 문회실文會室·난실蘭室이라 이름하고, 육영育英과 저술에 전념하여 『괘변의의卦變疑義』를 남겼다. 문집 『화계집花溪集』이 전한다.

91) 유의건(柳宜健), 〈불지설(佛池說)〉, 『화계집(花溪集)』 권11, 「잡설(雜說)」.

[〈불지기〉 전문]

오희창[92]의 〈불지기佛池記〉(1709년)에 이르기를 "비바람에 나뭇잎이 어지러이 날려서 산중의 구멍에 모두 가득한데도 다만 이 구덩이 속의 물은 날리는 물건 하나도 받아들이지 않아서 찌꺼기 없이 맑으니 그 또한 기이하였다." 하였다. 지금 보니 그 구덩이는 매우 깊고 배 부분이 넓고 입구가 좁아서 비끼어 내리는 비에 젖지 않으니 어찌 그 밖에서 들어오는 낙엽이 하나인들 있겠는가? 설혹 회오리바람에 날려서 들어오는 게 있더라도 또 승려가 그것을 쓸어 없애지 않았음을 어찌 알겠는가? 이것은 구덩이의 형세가 그렇게 만든 것이지 신령한 물건이 있어서 보호하는 것이 아니다.

오 씨의 기문에 또 이르기를 "예전에 물고기 한 쌍이 있었는데, 백 년 전에 물새가 그중 한 마리를 엿보아 물고 숲을 지나가다가 갑자기 천둥 벼락을 맞았답니다." 하였는데 이 말은 망령된 것이다. 가령 부처님의 신령함이 있다고 하더라

92) 오희창(吳喜昌, 1656-?)은 조선 후기의 문인으로 자는 경백(慶伯)이고 본관은 보성(寶城)이다. 169C년 진사시에 합격하였다. 박민효(朴敏孝, 1672-1747)의 『상체헌집(常棣軒集)』 권1, 「관서록(關西錄)」에 〈경백 오희창의 시에 차운하다(次吳慶伯喜昌)〉라는 시가 실려 있다. 이것은 아들 봉시(鳳時)가 쓴 박민효의 〈가장(家狀)〉에 언양(彥陽)에 유배된 권해(權瑎)를 찾아가 문인이 된 박민효가 해배된 스승을 따라 서울로 가서 동문인 권신경(權信經)·오희창·송식(宋湜)·정강중(丁康仲) 등과 어울렸다는 기록에서 그 연유를 짐작할 수 있다.

도 어찌 물새가 못 물게 하지 않고 꼭 물고 가기를 기다린 뒤에야 천둥과 벼락이 치도록 하였겠는가?

지난 무오년(1678)[93]에 나의 선친께서 여기에 놀러 와서 역시 기문을 남기셨는데 "노니는 물고기가 적당한 장소를 얻어서 큰 놈은 거의 반 자쯤이나 된다." 하셨으니, 그 수가 한두 마리에 그치지 않았음을 알 수 있다. 그리고 오 씨의 기문에 또 이르기를 "그 길이가 열 치 남짓이다." 하였으니 선친의 기록과는 크기가 또 같지 않다. 지금 와서 보니 물고기가 보이지 않는데, 승려는 신이한 변화를 헤아릴 수 없어서 나타나기도 하고 숨기도 한다고 하니 이것 또한 망령된 것이다. 내가 보건대 구덩이 속이 너무 맑고 기운이 또 차가워서 물고기가 살 곳이 아니며, 물도 맑고 얕아서 물고기를 기르기에 적당치 않으므로 물고기는 반드시 수척하여 죽었을 것이다. 이것은 틀림없이 불자의 무리가 냇가의 물고기를 잡아다가 구덩이 속에 넣어서 유람 온 사람을 속인 것이다. 물고기는 맑고 차가움을 견디지 못하므로 넣으면 오래지 않아 그대로 죽어 버렸고 죽으면 다시 넣었을 것이다. 이렇게 되어 어떤 것은 작고 어떤 것은 커서, 많고 적음과 있고 없

93) 무오년은 1678년이 분명하다. 유의건의 양부(養父) 태서(泰瑞)의 몰년이 임자년(1732)이었기 때문이다.

음이 같지 않은 것이다. 그래서 무오년의 물고기는 오 씨의 기문에 있는 물고기가 아니고, 오 씨 기문의 물고기는 이제 또 없어진 것이다. 반드시 다시 넣고 난 뒤에야 다시 있게 되는 것이다.

무릇 불자들이 사람의 귀를 현혹하는 것에는 이 같은 종류가 많으므로 그중 하나를 지적함으로써 그 요망함을 깨뜨리고자 한다.

吳喜昌佛池記曰 風雨木葉亂飛 山中之竅穴皆滿 獨此竇中水 不受一飄物 瀅然不滓 其亦異矣 今觀其竇深邃 腹濶而口狹 斜雨不能沾 那有一葉從其外而入乎 設有爲回風所飄入 又安知釋子之不爲之掃除乎 此則竇之形勢使然 非有神物者護之也

吳記又曰 昔有雙魚 百年之前 水鳥窺其一 啣過樹 暴雷震之云 此語妄矣 假使佛有靈 何爲不能使水鳥不得啣 而必待啣去而後雷震之也

往在戊午 吾先人來遊此而亦有記矣 曰 遊魚得所 大者幾半尺云云 則其數之不止一二可知 而吳記又曰 其長十[94]寸餘 則

94) 원문에 '十(십)'이 없으나, 오희창(吳喜昌)의 〈불지기(佛池記)〉에 '十寸(십촌)'으로 되어 있어서 바로잡았다.

與先人所記 大小又不同矣 今來又不見魚 僧言神變不測 或現或隱 此又妄也 余觀竇中潔甚 氣且寒凜 非產魚之地 而水亦淸淺 不宜於養魚 魚必瘦死矣 此必釋子輩取溪魚納之竇中以誑遊人 而魚不耐淸寒 納不久而旋死 死而復納之 此或小或大及多寡有無之不同也 然則戊午之魚 非吳記之魚 而吳記之魚 今又亡矣 必當復納而後 復存也

凡釋氏之熒惑人聽者多此類 故摘其一以破其妖

이 기문은 불지를 유람하고 쓴 선친의 기문(1678년)과 오희창의 기문(1709년)을 바탕으로 유의건이 목격한 내용을 상호 비교하면서, 유학자의 시각에서 불지의 신령함을 부정하는 태도를 보여 주고 있다.

먼저 오희창의 글에서 "비바람에 나뭇잎이 어지러이 날려서 산중의 구멍에 모두 가득한데도 다만 이 구덩이 속의 물은 날리는 물건 하나도 받아들이지 않아서 찌꺼기 없이 맑으니 그 또한 기이하였다."라고 한 대목을 "그 구덩이는 매우 깊고 배 부분이 넓고 입구가 좁아서 비끼어 내리는 비에 젖지 않으니 어찌 그 밖에서 들어오는 낙엽이 하나인들 있겠는가? 설혹 회오리바람에 날려서 들어오는 게 있더라도 또 승려가 그것을 쓸어 없애지 않았음을 어찌 알겠는가? 이것은 구덩이의 형세가 그렇게 만든 것이지 신령한 물건이 있어서 보호하는 것이 아니다."라고 하여 애써 오희창의 주장을 부정하고 있다.

또 오희창의 글에서 "예전에 물고기 한 쌍이 있었는데, 백 년 전에 물새가 그중 한 마리를 엿보아 물고 숲을 지나가다가 갑자기 천둥 벼락을 맞았답니다."라고 한 것을 망령되다고 비판하면서, 가령 부처님의 신령함이 있다고 하더라도 어찌 물새가 못 물게 하지 않고 꼭 물고 가기를 기다린 뒤에야 천둥과 벼락이 치도록 하였느냐고 반문하고 있다.

또 불지에 있었다고 하는 물고기는 자기 선친과 오희창이 본 것 사이에는 크기와 마릿수에 변화가 있을 뿐 아니라 자기가 와서 보니 물고기가 없다는 사실에 근거하여, 이곳에 사는 물고기는 승려가 냇가의 물고기를 잡아다 넣었기 때문이라고 판단하면서, 결론적으로 여기에 물고기가 산다고 하는 말은 불자들이 사람의 귀를 현혹하는 것 중의 하나라고 주장하고 있다. 이런 맥락을 통하여 불교와 불자에 대한 조선 후기 유학자의 부정적 시각을 엿볼 수 있다.

불교에 대한 부정적 시각과 비판의 근거는 앞서 살펴본 오희창의 〈불지기〉에서도 확인할 수 있다. 그는 글의 마지막 부분에서 불지암 노 스님의 말을 빌려 "물고기는 유람객이 싸서 온 것입니다."라고 하여 이 불지에 산다는 물고기가 사실은 유람객의 손에 의해 불지로 옮겨진 것임을 인정하고 있기 때문이다.

참고: 오희창吳喜昌**, 〈이만부**李萬敷**의 '사식설**四息說**' 발문〉**[95]

상산商山[96]에는 식산 처사가 있어서 거기에 산다. 산은 그대를 위한 그 마땅한 장소가 된다. 옛길은 비록 이전의 사람이 알고 있었으나 선생의 붓에 들어가고 나서야 경물에 대한 감응을 제공한다. 지금 겨를이 없어서 그도 지금 쉬지 못하였으므로 식산 처사가 산에서 쉬려는 까닭이다. 처사가 지은 수천이 넘는 말들을 읽으면 모두 높고 높은 것이다. 그리고 바위마다 그 높은 것을 잡고 오를 수 없으니 매우 근심스러워할 만하다. 아, 소자첨[蘇子瞻, 북송의 명문장가 소식蘇軾의 자]의 웅건한 글솜씨로 〈귀거래사歸去來辭〉를 빌려서 그것을 오래 전하려고 하였는데,[97] 내가 그 글에 서序를 쓰면서 부처님 머리에 똥칠하고 있음을 깨닫지 못하고 있다. 율리 오희창이 삼가 쓰다.

商有息山處士居焉 山爲子之爲其所也 古道人前識 雖然入夫子筆 供應景物 今不暇 其亦今不息 然處士息山之所以爲息也 就處士所著述累千餘言 讀之皆峩峩乎 而巖巖厥高不可攀躋 殊可愁已 噫 以蘇子瞻健筆 借歸去來辭 要其壽 吾以序其篇 而不覺佛頭之鋪糞也 栗里 吳喜昌謹書

95) 이만부(李萬敷), 〈사식설. 발문이 붙어 있다(四息說 附跋文)〉, 『식산집(息山集)』『별집(別集)』 권1, 「누항록(陋巷錄)」.

96) 상산(商山)은 경북 상주(尙州)의 옛 이름이다.

97) 이 대목은 북송의 명문장가 소식(蘇軾)이 만정방(滿庭芳) 〈귀거래사(歸去來辭)〉를 짓고, 서(序)를 붙인 사실을 가리킨다. 〈만정방〉은 쌍조(雙調) 95자로 된 사패(詞牌) 형식의 노래이다.

5. 서석린徐錫麟, <유불지기遊佛池記>[98]
[1761년 7월]

이 글은 언양에 거주하는 선비 서석린(1710-1789)이 1761년 7월에 천성산 불지를 유람한 기록이다. 그의 선친 홍점弘漸도 1709년에 몇 명의 지인과 함께 불지를 유람하였다고 한 것으로 보아 불지는 많은 선비가 탐방한 천성산의 명소였음이 분명하다.

서석린은 자가 몽응夢膺이고 호가 수오睡聱이며 본관은 이천利川이다. 관찰사 인원仁元의 5세손으로, 청도淸道에서 태어나 언양현彦陽縣 상남면 길천吉川으로 옮겨와 살았다. 1747년(영조 23)에 진사가 되고 1757년에는 언양현감 김천상金天相의 위촉으로 최초의 『헌산지巘山誌』를 편수編修하였다. 문집 『수오집睡聱集』이 전한다.

---

98) 서석린(徐錫麟), 〈유불지기(遊佛池記)〉, 『수오집(睡聱集)』 권4, 「기(記)」.

[〈유불지기〉 전문]

불지는 원적산에 있고, 원적산은 양산 치소[99]에서 동북쪽으로 삼십 리에 있다. 숙종 35년(1709) 기축년 봄에 선군[100]께서 양산 관아의 빈객으로 계시면서 군수[101] 김환[102]의 아들 정겸·정태·정환 및 상사[103] 김이갑, 군수의 조카 정숭 및 율리자[104] 오희창[105]과 함께 이곳을 유람하셨다.

지금 임금[106] 37년(1761) 신사년 가을에 석린이 선군의 지난날 유람을 이었는데, 기축년(1709)에서 신사년까지 53년이 지났다. 이른바 대둔사와 불지암은 모두 용한겁[107]이 지나 선천先天의 고색창연한 재가 되어 버리고 다만 불지와 금수만이 거기에 남아 있다. 옛날과 지금을 쳐다보고 굽어보며 슬픈 마음을 이기지 못하였다. 새벽에 들어왔다가 달빛을

99) 치소(治所)는 동헌(東軒), 내아(內衙) 등 수령(守令)의 관아(官衙)가 있는 곳이다.

100) 선군(先君)은 돌아가신 아버지이다. 서석린의 선친은 청도 출신의 홍점(弘漸)이다.

101) 사군(使君)은 수령(守令)의 이칭(異稱)이다. 여기에서는 양산군수(梁山郡守)를 가리킨다.

102) 김환(金鍰, 1650-1743)은 조선 중기의 문신으로 자는 자중(子中)이고 호는 낙애(樂厓)이며, 본관은 안동이다. 여러 관직을 두루 역임하고 1738년(영조 14)에 기로소(耆老所)에 들어갔다. 양산군수로 재임한 시기는 1705~1710년이다.

103) 상사(上舍)는 생원(生員)이나 진사(進士)를 뜻한다.

104) 율리자(栗里子)는 오희창(吳喜昌)의 호(號)이다.

105) 오희창(吳喜昌, 1656-?)은 조선 후기의 문인으로 자는 경백(慶伯)이고 본관은 보성(寶城)이다. 1690년 진사시에 합격하였다.

106) 금상(今上)은 현재의 왕으로, 영조(英祖)를 가리킨다.

받으며 나왔는데, 소설당[108]이 적벽강에서 배를 띄운 날[109]이었다.

池在圓寂山 山在梁之治東北三十里 肅廟三十五年己丑春 先君客于梁衙 與金使君鍰子正謙正泰正渙及金上舍爾甲及使君之從子正崇及栗里子吳喜昌遊於此 當宁三十七年辛巳秋 錫麟嗣先君舊遊 自己丑洎辛巳 至五十三年矣 所謂大芚寺及佛池庵 皆爲龍漢劫 灰先天古色 獨佛池金水在焉 俛仰今古 不勝愴感 乘曉而入 帶月而出 蘇雪堂泛舟赤壁之日也

이 글은 서석린이 선친[서홍점徐弘漸]의 기축년(1709) 불지 여행 이후 53년 만인 신사년(1761) 음력 7월 16일에 그곳을 찾은 감회를 담고 있다. 주변을 둘러보니 이미 대둔사와 불지암은 모두 고색창연한 재가 되어 흔적조차 없어지고 불지와 금수만이 그곳에 남아 있음을 보고 세월의 무상함에 슬퍼하는 모습을 보여 주고 있다.

---

107) 용한겁(龍漢劫)은 도교(道敎)에서 말하는 원시천존(元始天尊)의 연호(年號) 중 하나로, 오랜 세월이 지났음을 뜻한다.

108) 소설당(蘇雪堂)은 북송(北宋)의 문인 소식(蘇軾)이 귀주(貴州)의 임고정(臨皐亭)에 우거(寓居)할 때 동파(東坡)에 지은 당(堂)이다.

109) 범주적벽지일(泛舟赤壁之日)은 적벽강에 배를 띄운 날로, 음력 7월 16일을 가리킨다. 소식(蘇軾)은 임술년(1082) 7월 16일 밤에 적벽강에 배를 띄워 놀면서 유명한 〈적벽부(赤壁賦)〉를 지었다.

참고: 윤기尹愭, 〈호랑이와 도적을 감화시킨 향산[110] 서진사의 효성〉[111]

〈영남의 진사[112] 김용한(金龍翰, 1738-1806)이 나에게 소식蘇軾이 사패詞牌 만정방滿庭芳 '귀거래사歸去來辭'를 지어 유배 중의 감상을 표현한 것을 가리켜 말하기를, 자기 스승인 향산의 진사 서석린은 장령掌令 서견徐甄의 후손으로, 부모상을 당하여 6년 동안 여묘廬墓살이를 하였는데, 큰 호랑이가 매일 밤 무덤 밑에 와서 꿇어앉아 웅크리고 있었다고 하였다. 또 계축년(1733)에 큰 흉년이 들었을 때 스님이 그의 행장을 짊어지고 가는데 도적 떼가 모여들어 빼앗으려고 하다가 서 효자의 물건이라는 말을 듣고는 도리어 제 옷을 벗어 스님에게 주었는데 스님이 받지 않아 한참 동안 실랑이가 벌어졌다고 한다. 이는 모두 동물과 사람을 감화시킨 기이한 일이었다. 평생 근면[勤]·삼감[謹]·참음[忍]·침묵[默]·화목[和]·느림[緩]·편안[安]·상세[詳] 등 여덟 글자를 실천하려고 힘써 노력하고 10여 권의 저술을 남겼다. 늘그막에는 어부·나무꾼과 어울려 지내며 스스로 수오睡聱라고 불렀는데, 죽은 뒤에 고을 사람들이 제사를 올렸다고 한다. 진사 권위權煒가 시를 지어 읊으니 화답한 사람이 매우 많았다. 나도 그 시에 차운하여 김진사에게 준다(嶺南金上舍龍翰爲余言 其師香山徐進士錫麟 掌令甄之後也 其喪親也 廬墓六年 有大虎每夜來伏山下 癸丑大歉 僧適負其行裝以行 盜群聚欲劫之 聞其爲徐孝子物 乃脫其衣以與僧 僧亦不受 相持者久之 皆感物之異也 平生用工於勤謹忍默和緩安詳八字 有著述十餘卷 晩年混迹漁樵 自號睡聱 旣沒 鄕

110) 향산(香山)은 언양(彦陽)의 이칭(異稱)이다.

111) 윤기(尹愭), 〈그 스승 향산 서석린 진사는 ……(其師香山徐進士錫麟……)〉, 『무명자집(無名子集)』 책2, 「시(詩)」.

112) 상사(上舍)는 생원(生員)이나 진사(進士)를 뜻한다.

人爲俎豆之云 權進士煒詩以詠之 和者甚多 余亦步其韻 以贈金上舍)〉.[113]

고려의 장령[114]을 온 세상이 다 아는데
공은 먼 후손으로서 홀로 먼 곳에서 스승으로 삼았네.
어부와 나무꾼은 향산의 모임 장소를 가리키고
향리에서는 탄식하며 외루[115]에서 제사를 지내려 했네.
무덤의 여막廬幕은 호랑이가 꿇어앉아 울부짖은 땅이요
전대를 빼앗던 도적은 읍하고 양보하는 거동을 보였네.
여덟 글자의 깊은 공부에 열 권의 책을 남겼으니
문하의 사람은 강론하고 연마하던 시절을 말하네.

高麗掌令世皆知 公以雲仍獨遠師
漁樵指點香山社 鄉里咨嗟畏壘祠
廬墳虎跪攀號地 劫橐盜行揖讓儀
八字深工留十卷 門人爲說講磨時

113) "서장령에게는 후사가 없는데 여기에서 이렇게 말하니 어찌 된 일인지 모르겠다(徐掌令无后而此乃云爾 是當可知)."라고 하는 주석이 달려 있다.

114) 장령(掌令)은 고려 말의 인물 서견(徐甄, 생몰년 미상)을 가리킨다. 호는 여와(麗窩)이다. 그는 조준·정도전을 탄핵하다가 유배되고, 조선 개국 뒤에 청백리에 뽑혔으나 금천(衿川)에 은거하며 벼슬에 오르지 않았다.

115) 외루(畏壘)는 중국 북방의 산이다. 이곳에서 제사를 지냈다는 것은, 옛날 노자(老子)의 제자 경상초(庚桑楚)가 노자의 도(道)를 듣고 북쪽의 외루산(畏壘山)에 은거한 지 3년 만에 그곳의 백성들이 그를 존경하여 제사를 지내 주려 했다는 고사로, 덕을 지닌 훌륭한 분을 존경하여 제사를 지내 주려 함을 뜻한다.

6. 이양오李養吾, <중유원적산기重遊圓寂山記>[116) [1800년 윤4월]

이 글은 울산 울산부 웅촌면 석계[石溪, 돌내]에 사는 이양오(1737-1811)가 경주에 거주하는 남경희南景羲와 용산서원龍山書院[117) 원장 임만제任萬濟, 울산에 거주하는 친구 2명과 함께 1800년 윤4월 11일에서 14일까지 3박 4일 동안 원적산을 유람하고 나서 쓴 기행문이다. 여기에는 유람 중 산속의 암자나 자연 명소에서 쓴 한시가 다수 실려 있어서 함께 여행한 사람들의 풍류를 동시에 감상할 수 있다. 그 간략한 일정은 다음과 같다.

---

116) 이양오(李養吾), 〈중유원적산기(重遊圓寂山記)〉, (필사본) 『반계집(磻溪集)』 권4, 「기(記)」.

117) 용산서원(龍山書院)은 1699년(숙종 25)에 경주 지방 유림의 공의로 최진립(崔震立)의 충절과 덕행을 추모하기 위하여 고위산(高位山) 아래에 창건하여 위패를 모신 서원이다. 1711년에 '숭렬사(崇烈祠)' 로 사액되었는데, 이때 유림이 모여 용산서원으로 부르기로 합의하였다. 1868년(고종 5) 대원군의 서원철폐령으로 훼철되었다가 1903년 유림의 공의로 설단(設壇)하여 향사를 지내 왔으며, 1973년 유림에 의하여 복원되었다.

첫째 날: 울산 석계石溪 강당講堂 → 운흥사雲興寺 → 사자암獅子菴 숙박.

둘째 날: 조계암曹溪庵 → 안적암安寂庵 → 대둔점大芚店 → 불지佛池 → 성불암成佛菴 숙박.

셋째 날: 원적암圓寂菴 → 견성암見性庵 → 내원암內院庵 → 미타암彌陀菴 숙박.

넷째 날: 미타굴彌陀窟 → 적수암滴水庵 옛터 → 직연稷淵 → 백명百楡 → 서창西倉 → 용당龍塘 → 강당講堂.

이양오는 울산 출신의 문인으로 자가 용호用浩이고 호가 반계磻溪이며 본관이 학성鶴城이다. 중추원사中樞院使 예藝의 후손이고 의채宜埰의 아들이다. 후생 교육에 힘을 쏟아 사헌부지평司憲府持平을 지낸 이근오(李覲吾, 1760-1834) 등의 문하생을 키웠다. 문집『반계집磻溪集』이 전하고, 학시서學詩書『시학지남詩學指南』이 남아 있다.

[〈중유원적산기〉 전문]

경신년(1800)[118] 윤사월 초열흘날 석계[119]의 강당講堂에서 백

118) 경신년(庚申年)은 1800년(정조 24)이다. 이때 이양오의 나이는 64세였다.

119) 석계(石溪)는 울주군 웅촌면 석천리[돌내·회천(回川)]에 있던 마을이다.

전[120]을 여니 원근의 늙은이와 젊은이들이 많이 모였다. 좌랑 중은 남경희[121]와 원장[122] 지국 임만제[123]가 모두 고시관으로 먼저 와서 함께 즐기고 마쳤다.

이튿날 여러 친구가 원적산의 연초록빛을 구경하겠다며 억지로 나를 동행하자고 하여 사양할 수가 없었다. 이에 다섯 명의 노인이 지팡이를 이어서 짚고 서쪽으로 가는데 중은과 지국, 문응 박회석[124], 용현 윤현 그리고 나의 족숙 이의춘도 따랐다. 고야촌[125]을 지나며 이경도를 찾았으나 만나지 못하였는데, 한 손자 아이가 나와 맞아서 붉은 이슬 같은 술을 따르고 쌀밥을 올리는 게 자못 정성스러웠다. 일행이 운흥사[126] 옛 절을 찾아가니 승려의 요사채에는 온통 풀이 무성하고 부처를 모신 집도 손상되고 부서져서 다시는 옛날 모습이 아니었다.

---

120) 백전(白戰)은 무기를 소지하지 않고 맨손으로 벌이는 싸움이라는 뜻으로, 문인들이 시를 지으면서 제한 사항을 설정하고 글재주를 겨루는 것을 가리킨다.

121) 남경희(南景羲, 1758-1812)는 조선 후기 경주의 보문리 출신 문신으로, 자가 중은(仲殷)이고 호가 치암(癡庵)이며 본관이 영양(英陽)이다. 용만(龍萬, 1709-1784)의 아들이고 국선(國先)의 손자이며, 우명(宇明)의 증손이고, 유의건(柳宜健)의 외손이다. 1777년(정조 1) 문과에 급제하여 승문원박사·성균관전적·사헌부감찰·병조좌랑·사간원정언 등을 지냈으며, 1791년 사직하고 향리로 돌아와 은거하였다. 문집 『치암집(癡庵集)』이 전한다.

122) 원장(院長)은 경주 용산서원(龍山書院)의 원장을 뜻한다.

123) 임만제(任萬濟)는 생평이 자세하지 않으나, 무신 최진립(崔震立, 1568-1637)을

모신 경주의 용산서원(龍山書院) 원장을 지냈다. 이양오(李養吾)와 친밀하였으며, 자가 지국(持國)이고 호가 무옹(霧翁)이다.

124) 박회석(朴晦錫, 1740-1819)은 조선 후기 울산의 선비로 자가 문응(文應)이고 호가 운곡(雲谷)이며 본관이 울산이다. 용당[현재의 양산시 웅상읍 용당동]에 거주하였다. 족보에 의하면, 효성과 우애가 두텁고 화목하여 종당(宗黨)의 모범이었고, 산수(山水)와 금서(琴書)는 교남(嶠南, 영남)에서 떨쳤으며, 대인(對人)과 접물(接物)은 편안한 시절의 봄처럼 온화하고 맑아서 찌꺼기가 없었다고 하였다. 연못가에 집을 짓고 다음과 같은 시를 지었다.

비가 오려 하니 물고기가 물에 뜨고(雨意魚浮水)
봄이 되려니 새가 꽃을 이야기하네(春情鳥語花).
날마다 못 가에 앉으니(日日池邊坐)
새와 물고기는 나를 멀리하지 않는구나(鳥魚不我遐).

125) 고야(姑射, 古也)는 울주군 웅촌면 고연리의 자연 마을이다. 1914년 행정 구역 폐합에 따라 고야(古也)·관(冠)·와지(臥旨)·연답(蓮畓)·반계동(盤溪洞)을 병합하고, 고야와 연답의 이름을 따서 고연리라고 하였다.

126) 운흥사(雲興寺)는 울산광역시 울주군 웅촌면 고연리 반계 마을의 서쪽 운흥동천(雲興洞天)에 있던 사찰이다. 신라 제26대 진평왕 때 창건하였다고도 하고(『울산읍지』), 제30대 문무왕 때 원효대사가 건립하였다고도 한다. 그 후 고려 말에 지공(指空) 선사가 중창하였으나 임진왜란 때 불탄 것을 광해군 6년(1614)에 승려 대희(大熙)가 다시 세웠다. 13개의 암자가 딸린 울산 최대의 사찰로, 1천여 명의 스님들이 수행하였다고 한다. 조선 중기에는 운흥사에서 불교 서적 간행이 활발히 이루어졌으며, 조선 시대 말기에 폐치되었다.

[사람을 근심스럽고 비참하게 만들기에 즉석에서 시를 지었다.

어디가 운흥사인가?
가면서 오래된 나무 사이에서 찾네.
좋은 나그네를 맞이하는 승려는 없어도
빈산을 지키는 부처는 남아 있네.
새 발자국은 섬돌에 두루 오르고
달팽이 침은 벽에 꾸불꾸불 올라가네.
지난날의 여러 선비 친구를 생각해 보니
이곳에서 함께 단란하였네.

何處雲興寺 行尋古樹間
無僧迎好客 餘佛守空山
鳥跡登階徧 蝸涎上壁盤
憶曾諸士友 於此共團欒

지국이 정리하였다.

폐치廢置한 지 오랜 운흥사는
소나무와 삼나무, 물과 대나무 사이에 있네.

외로운 탑은 고목에 기대고
고요한 요사채는 빈산에 갇혀 있네.
흩어진 승려들을 탄식할 만한데
또 웅크린 불상을 슬퍼하노라.
가을이 끝난 뒤에 다시 찾을 것을 약속하거니와
어느 날에나 다시 단란하겠는가?

久廢雲興寺 松杉水竹間
塔孤依古木 寮靜鎖空山
可歎緇徒迸 旋悲佛像盤
重尋秋後約 何日更團圞]

간향각[127]에서 조금 쉬고 해가 아래로 기울 무렵 사자암[128]에 닿았다. 먼저 대에 앉으니 바람이 불어서 대가 매우 상쾌하였다. 서쪽 목판을 보관하는 곳[129]에 들어가서 자는데, 승려 중에 전부터 아는 사람이 많아서 친절하게 대하였다.

이튿날 출발하여 안쪽 산을 향하였다. 두 승려가 술과 안주

127) 간향각(看香閣)은 운흥사에 있던 정각(亭閣)이다.
128) 사자암(獅子菴)은 운흥사 서쪽에 있던 암자이다.
129) 판두(版頭, 板頭)는 목판의 판면 숫자, 영산(零散)한 목판(木板)을 뜻한다.

를 가지고 따라와서 고개를 넘어 풀밭에 앉아 술을 몇 순배 돌리고 그만두었다. 의춘은 범의 꼬리를 뽑을 만한 힘이 있어서 호미장군[虎尾將軍, 범꼬리 장군]이라고 불리지만, 호미가 말갈기를 잡아당겨도 큰길로 내려가기까지 버틸 수 없겠으므로 그에게 경사진 길로 가서 대둔점[130]에서 기다리도록 하였다. 승려 한 명은 돌아가고 다른 승려 한 명은 동행하여 몇 리쯤 떨어져 있는 조계암[131]으로 들어가니 암자의 승려가 술을 권하였다. 백여 발짝 남짓 가서 안적암[132]에 이르렀다. 집이 매우 정결하여 산중에서 이름난 곳인데 승려의 접대도 정성스러웠다.

점심밥을 먹은 뒤에 승려에게 길을 가리켜 달라고 하여 개울[133]을 따라 남쪽으로 내려갔다. 물이 맑고 바위가 기이하여 어떤 이는 손으로 떠 마시고 어떤 이는 앉아서 읊조렸다. 대둔점에 이르니 호미가 기다린 지 벌써 오래여서 소반에

130) 대둔점(大芚店)은 신라 시대에 원효대사가 창건한 대둔사(大芚寺)가 없어지고 난 다음 그 근처에 있던 주점(酒店)으로, 현재의 노전암 부근에 위치하고 있었다.

131) 조계암(曹溪庵)은 경남 양산시 하북면 용연리의 천성산 자락에 있는 암자로, 정족산(鼎足山) 쪽에 있으며 안적암(安寂庵)과 매우 가까이 있다.

132) 안적암(安寂庵)은 경남 양산시 하북면 용연리의 천성산 자락에 있는 암자로, 정족산 쪽에 위치해 있으며, 조계암(曹溪庵)과 매우 가까이 있다.

133) 개울은 현재의 상리천을 가리킨다. 이 개울이 아래로 흘러서 옛 대둔사(大芚寺) 자리에 있는 노전암 앞에 이르러 산하동계곡이 된다.

조계암 대웅전과 범종각 그리고 석탑

안적암 대웅전과 요사채

가득하게 붉은 오디[134]를 따 놓았다. 그것을 씹어 보니 매우 상쾌하여 사탕수수즙을 뿌리칠 만하였다. 또 술을 사서 권하므로 각자 한 잔씩 마셔 보니 술도 맛이 있었다.

다들 이르기를 "불지의 청아한 놀이와 감상에 흥을 도울 것이 없어서는 안 되지요." 하였으므로 승려를 불러 술병을 가지고 앞서 가게 하였다. 개울을 건너 고개를 쳐다보니 험준한 고개가 얼굴을 마주하고 서 있었다. 열 걸음 걸을 때마다 한 번씩 쉬며 고개를 넘은 다음 남쪽으로 내려가다가 서쪽으로 가로질러 불지에 닿았다. 그 산은 깎아지른 듯 천 자 높이로 서 있지만 실제로는 하나의 큰 바위였다. 못도 바위 가운데서 나온 물인데, 그 빛깔이 아래쪽은 옥색이고 위쪽은 금빛이다. 그 근원은 솟아나지 않고 저절로 떨어지는데 마시면 매우 맑고 차며, 물은 가물어도 넘치거나 줄어들지 않는다. 바위 속에 쇠가 있고 쇠 속에 액체가 있으며, 액체가 쌓여 못이 된 것으로 생각된다. 못의 물에 금빛이 있게 된 것은 이치가 참으로 그러한 것이다.

승려가 술을 권하기에 바위 위에 모여 앉아 잔을 주고받으며 다 마시고 전복을 찢어서 씹었다. 또 문웅에게 노래를 부

134) 오구(蔦蓲)는 포구, 즉 뽕나무 열매인 오디의 울산 방언이다.

불지 뒤쪽 석벽(전 복천박물관장 나동욱 박사 드론 촬영)

르라고 요청하니 그 소리가 솔바람과 서로 높아졌다 낮아졌다 하여 족히 관악기나 현악기인 듯하였다. 중은이 나를 돌아보며, "이처럼 아름다운 곳에서 시가 없으면 되겠습니까?" 하기에 나는 "좋지요."라고 대답하고 깊이 생각하여 시구를 지었다.

[다음과 같았다.

깊은 산에서 빼어난 경치를 찾아
가고 또 가서 골짜기로 들어가네.
구름을 헤쳐 바윗길을 찾아내고
구멍을 살펴 황금 샘물을 마시네.
마을 주점에서 술을 시켜 마시고
사찰에서 평상을 빌려 자네.
줄을 지어서 누런 대추나무 지팡이를 짚고
푸른 나무 그늘 가에서 시를 주고받네.

獵景山深處 行行入洞天
披雲尋石徑 窺竇嗽金泉
邨店呼罇飮 僧房借榻眠
聯翩黃棘杖 酬唱綠陰邊

중은이 답하였다.

맑고 화창하여 좋은 시절에
손잡고 신선 세계[135]로 들어가네.
자주 앉음은 바위를 만나기 때문이요

느리게 감은 샘물 소리를 들으려 함이로다.
바람에 날리는 옷깃은 돋은 날개[136]와 같고
소리 나는 그림은 용면거사[137]의 솜씨와 흡사하네.
해 질 무렵에 오르기를 그만두고
산[138] 언저리에서 승려를 찾네.

淸和好時節 攜手入壺天
屢坐因逢石 徐行爲聽泉
風襟如羽化 聲畫逼龍眠
落日登臨罷 尋僧紫翠邊

135) 호천(壺天)은 항아리 속의 천지로, 선경(仙境)이나 승경(勝境)을 뜻한다. 중국 후한(後漢)의 비장방(費長房)은 시장을 관리하는 자리에 있었는데, 시중에 어떤 노인이 약을 팔면서 가게 앞에 술 항아리[壺] 하나를 걸어 놓고 시장이 파하자 그 속으로 뛰어 들어가는 것을 보았다. 다음 날 그 노인과 함께 그 술 항아리 안으로 들어가니 그곳에는 옥당(玉堂)이 있는데 그 안에서 좋은 술과 기름진 안주가 끊임없이 나왔으므로 둘이 함께 마시고는 취해서 나왔다고 한다.

136) 우화(羽化)는 사람의 몸에 날개가 돋는 것으로, 사람이 하늘로 날아올라 신선이 된다는 우화등선(羽化登仙)을 염두에 둔 표현이다.

137) 용면(龍眠)은 중국 송(宋)나라의 유명한 화가 이공린(李公麟, 1049-1106)의 호(號)이다. 그는 자가 백시(伯時)이고 호가 용면거사(龍眠居士)이다. 시서화(詩書畵)에 모두 능한 문인화가로 불상, 인물, 산수, 화조 등의 그림을 잘 그렸다.

138) 자취(紫翠)는 자줏빛과 푸른빛으로, 산을 비유한다.

지국이 차운하였다.

진원眞源을 찾는[139] 늙은 나그네는
원적산 골짜기에 있네.
숲이 빽빽하니 다투어 새가 울고
바위가 열리니 또 샘물이 솟네.
술집[140]에서 술을 사서 마시고
절간에서 등불을 짝하여 자네.
바다와 그다지 멀리 떨어지지 않아
삼신산[141] 주변이 아득하고 어렴풋하네.

尋眞遲暮客 圓寂洞中天
林密爭號鳥 巖開又湧泉
杏村沽酒飮 蓮社伴燈眠
去海無多地 三山縹緲邊

139) 심진(尋眞)은 진원(眞源) 곧 이상의 경지를 찾음이다.
140) 행촌(杏村)은 행화촌(杏花村)의 준말로, 살구꽃이 핀 마을인데 만당(晩唐) 시인 두목(杜牧)이 〈청명(淸明)〉 시에서 "묻노니 술집이 어디에 있는가? 목동은 멀리 행화촌을 가리키네(借問酒家何處有 牧童遙指杏花村)."라고 한 이후 술집을 뜻한다.
141) 삼산(三山)은 삼신산(三神山)의 준말이다. 삼신산은 동해 가운데 있다고 하는, 신선이 산다는 세 개의 산으로, 봉래산(蓬萊山)·영주산(瀛洲山)·방장산(方丈山)을 가리킨다.

용현이 이어서 지었다.

나는 인간 세상에서 왔건만
산속에 별천지가 있네.
봉우리마다 흰 구슬로 꾸미고
골짜기마다 맑은 시내를 걸어 놓았네.
동틀 무렵에 금수를 마셨으니
해질 때쯤 미타암[142]에서 잠자리라.
동남 지방의 명승지가
덧없이 한 길 몸 곁에 붙어 있네.

我自人間至 山中別有天
峯峯粧白玉 谷谷掛清泉
金水平明飲 彌陁薄暮眠
東南名勝地 謾付丈身邊]

동쪽으로 몇 리쯤 가서 성불암[143]에 들어가서 안적암의 승

142) 미타암(彌陀菴)은 경남 양산시 웅상면 주진리의 천성산에 있는 암자이다. 통일신라 초기에 원효대사가 창건하였는데, 1376년(고려 우왕 2)에 중창하고, 1888년(고종 25)에 승려 정진(正眞)이 중창하였다.

143) 성불암(成佛菴)은 경남 양산시 하북면 용연리의 천성산 내에 있는 암자이다.

려들을 보내었다. 암자는 비록 참선하는 집이지만 손님 접대가 군색하지 않았다. 다만 그 집에는 벽에 이가 많아서 밤에 잠을 이루지 못하였다.

이튿날 밥을 먹은 뒤 동쪽으로 원적암에 이르렀는데 그 사이의 거리가 1리 남짓이었다. 담배를 한 대 피우고 나서 호미장군과 작별을 고하는데 매우 슬퍼 보였다. 한 사미[144]에게 길을 안내하게 하여 남쪽으로 내려가니 골짜기가 깊고 물이 소용돌이치고 있었다. 또 너럭바위가 많아 잠시 앉았다가 천천히 걸어서 고개 위로 올라갔다. 여러 벗이 모두 견성암을 향하였으나 나와 문응은 뒤처지고 말았다. 이날 열이 심하여 한참 동안 앉아 쉬고 있는데 문응이 말하기를, "견성암 가는 길은 매우 어려우니 곧장 내원암[145]으로 가는 게 낫겠습니다." 하였다. 이에 거닐다가 쉬며 느긋하게 걸

144) 사미(沙彌)는 십계(十戒)를 받고 구족계(具足戒)를 받기 위하여 수행하고 있는 어린 남자 중이다.

145) 내원암(內院菴)은 현재의 내원사(內院寺)를 가리킨다. 경남 양산시 하북면 용연리의 천성산 중턱에 있는 사찰로, 신라 문무왕(文武王) 때 원효대사가 창건하였다. 지금 대둔사(大芚寺)와 상·중내원암(上中內院庵)은 없어지고 하내원암만 남아 있다. 인조(仁祖) 24년(1646)에 의천(義天)이 중건하였고, 1898년에는 유성(有性)이 수선사(修禪社)를 창설하고 내원사로 개칭한 뒤 선찰로 남아 있다. 한국전쟁 때 소실된 뒤 1955년에 비구니 수옥(守玉)이 재건하여 비구니 수도선원으로 알려져 있다.

견성암 터에서 내려다본 내원사(최석영 교수 촬영)

어서 내원암으로 갔다. 서쪽 다락에 올라 옷과 두건을 벗고 쓰러지듯이 드러누웠다. [승려를 불러 술집이 있는 곳을 물었으나 대답이 없었다.] 이윽고 여러 벗이 견성암에서 왔다. [시를 지어 스스로 꾸짖었다.

길은 바위틈으로 들어가는데
사람은 그림 속에서 가네.
묵은 안개가 봉우리마다 개고
때를 만난 새가 곳곳에서 우네.
중은의 글솜씨는 산을 흔들고

문응의 노랫소리는 구름을 멈추게 하네.[146)]
걷고 걸으며 기이한 경치를 즐기며
흐르는 물에 속된 마음을 씻네.

路從巖罅入 人在畫中行
宿霧峯峯歇 時禽處處鳴
仲殷搖嶽筆 文應遏雲聲
步步耽奇勝 臨流浣世情

중은이 그 운을 따서 지었다.

벼랑을 오르거나 골짜기를 건너서
거닐며 쉬다가 또 한가로이 가네.
빽빽한 숲속에 절은 어디 있는가?
저무는 햇살 속에 종은 울리지 않네.
구름 근처에서 사슴 자취를 알고
잎사귀 너머로 꾀꼬리 울음소리를 듣네.
특별히 은거하겠다는 기약을 거듭하노라니
안개와 노을에 정감이 있는 듯하네.

146) 알운(遏雲)은 알행운(遏行雲)의 준말로, 노랫소리가 아름다워서 가던 구름을 멈추게 한다는 뜻이다.

緣崖或度谷 流憩復閒行
林密寺何在 日遲鐘未鳴
近雲知鹿跡 隔葉得鸎聲
特地幽期再 煙霞若有情

지국이 말하였다.

어제 운흥사 골짜기에서 자고
서쪽으로 십 리를 가네.
연기는 흩어지는 새벽의 푸른빛을 따르고
바람은 울리는 한낮의 종소리를 보내네.
푸른 잎은 맑게 감상할 만한데
노란 꾀꼬리는 또 좋은 소리를 내네.
꽃과 강은 돌아가는 나그네에게
헤어지면서 마치 정감이 있는 듯하네.

昨宿雲興洞 西登十里行
煙隨曉翠散 風送午鍾鳴
綠葉堪淸賞 黃鸝又好聲
花江歸去客 臨別若爲情

현판 위에 승려의 시 두어 수가 있는 것을 보고 차운하였다.

골짜기를 걸을 때는 한창 뜨거웠는데
다락에 앉아서 나그네는 돌아감을 잊네.
굽이치는 계곡물은 울어 대는 거문고요
겹친 산은 살아 있는 그림이로다.
시를 읊으며 흰 머리카락을 부끄러워하다가
술을 마시며 붉은 얼굴을 빌리네.
이르는 곳마다 모두 아름다운 정경이니
푸른 숲 사이에 그늘이 맑네.

谷行時正熱 樓坐客忘還
曲曲鳴琴澗 重重活畫山
吟詩慙白髮 酌酒借朱顔
到處皆佳境 淸陰綠樹間

중은이 응답하였다.[147]

내원암은 깊어서 갇힌 듯한데
한가로운 구름이 절로 오가네.
작은 다락은 이른 더위를 물리치고

내원사 대웅전과 종무소

147) 이때 남경희는 차운시(次韻詩) 2수를 지었다. 그의 문집 『치암집(癡庵集)』 권3에 실린 나머지 한 수는 다음과 같다.

〈내원암의 시판에서 차운하다. 2수(內院庵 次板上韻 二首)〉, 『치암집(癡庵集)』 권3, 「시(詩)」
산을 가노라니 때마침 참으로 뜨거운데
다락에 앉아서 나그네는 돌아감을 잊네.
물은 굽이굽이 천 번이나 돌고
산은 푸릇푸릇 산면을 둘렀네.
시를 읊으니 흰 머리카락이 부끄럽고
술을 잔질하여 붉은 얼굴을 빌리네.
갈수록 더욱 경계가 아름다운데
푸른 나무 사이에 그늘이 맑네.
山行時正熱 樓坐客忘還
曲曲千回水 蒼蒼四面山
吟詩慚白髮 酌酒借朱顔
去去逾佳境 清陰綠樹間

이웃의 풍경은 앞산에 걸려 있네.
대지팡이는 낯선 나그네가 아닌데
바위 병풍은 여전히 옛 모습이네.
어찌하면 한 굽이 시내를 나누어 받아
세 칸짜리 집을 덧붙여 지을까?

지국이 이었다.

금수金水의 기이한 경관을 보고 나서
견성암에 갔다가 돌아왔네.
오락가락 파릇한 개울을 따라 오르고
아득히 초록색 산을 넘네.
새는 시인의 흥취를 환기하고
봄은 취객의 얼굴에 머무네.
어디 주변이 내원암인가?
흰 구름 사이에 있음을 아네.

金水奇觀後 因尋見性還
徘徊緣碧澗 迢遰越蒼山
鳥喚詩人興 春留醉客顔
那邊內院是 知在白雲間]

승려가 점심밥을 올렸으나 나와 문응은 피곤을 이기지 못하여 머물려고 하니 지국이 "날이 아직 이르니 머물 수 없습니다." 하고는, 길에 익숙한 사람에게 앞에서 인도하게 하므로 드디어 떠났다. 고개가 높고 또 멀어서 발자국만 따라가는데, 꼭대기까지의 거리가 십 리라고 하였다. 걸음마다 쉬면서 굽이굽이 올라가다가, 동쪽으로 내려와서 고개를 넘고 또 꺾어서 북쪽으로 올라갔다. 돌길이 매우 좁아서 종종 위태로운 신발이 쓰러질 듯 기울어지기도 하였다. 저녁에 미타암에서 묵는데 제공하는 음식이 입에 맞고 벽에 이가 없어서 안온하게 잤다.

다음날 아침밥을 먹고 함께 굴[148]을 구경하러 갔다. 굴은 암자의 동쪽에서 조금 북쪽으로 삼백 자[척尺][149]쯤 떨어진 곳에 있었다. 그 산은 또 순전히 돌로 되어 있는데 높고 크지만 불지보다는 조금 작았다. 산 밑에 굴이 있는데 동쪽을 향해 입구가 터져 있고 밖은 넓고 안은 좁다. 가운데에 한 길 남짓한 바위가 있는데, 앞면에 불상[150]을 새겨 놓고 불좌 아

148) 굴은 미타암의 석굴, 곧 미타굴(彌陀窟)로 현재의 굴법당(窟法堂)을 가리킨다.

149) 가(柯)는 삼척(三尺)이다.

150) 불상은 양산 미타암 굴법당에 모신 석조 아미타여래입상(보물)을 가리킨다. 미타암 굴법당 가는 길 옆에 세워진 '양산 미타암 아미타여래입상' 안내문에는 "불상의 모습은 8세기에 만들어진 경주 감산사 석조 아미타여래입상과 전체적으로 닮아 있어

미타암 대웅전과 요사채(2025년 12월)

미타암 대웅전과 요사채(2005년 7월)

래에 자리를 마련해 놓았다. 거기에 영험이 있다고 하여 기도하는 사람들의 발꿈치가 서로 닿을 지경이어서 거처하는 승려들이 실컷 먹는 방도가 되기에 족하였다. 산의 기이한 경치를 논한다면 불지와 미타굴이 백중하다고 할 만하였다.

[다음 시를 지어 작별하였다.

나그네가 천 년 된 굴을 찾는데
시절은 사월을 맞았구나.
멀리 푸른 바다 밖을 바라보고
높이 흰 구름 가에 앉네.
가운데는 아미타불이 서 있는데
옆으로는 날개 돋은 신선이 지나가네.
온통 우혈[151]을 찾는 듯싶다가
억지로 이별하고 자욱한 안개 속으로 내려가네.

통일신라 시대의 작품으로 추정된다. 불상이 있는 석굴은 수도하던 다섯의 비구가 서방의 극락세계로 날아갔다고 『삼국유사(三國遺事)』에 기록된 곳이라 한다. 자연 동굴에 인공을 가한 흔적이 뚜렷하여 8세기 무렵의 통일신라에서 아미타 사상의 전개 과정과 함께 석굴 사원의 모습을 살펴볼 수 있는 곳이다."라는 설명이 붙어 있다.

151) 우혈(禹穴)은 중국 절강성(浙江省) 소흥(蘇興)의 회계산(會稽山)의 한 봉우리인 완위산(宛委山)에 있는 굴로, 우정(禹井)이라고도 한다. 우(禹)가 강한(江漢)의 물을 다스릴 때 거처하던 곳이다.

양산 미타암 석조 아미타여래입상(보물)
[출처: 한국민족문화대백과사전]

客訪千年窟 時當四月天
遠望滄海外 高坐白雲邊
中立阿彌佛 傍通羽化仙
渾疑探禹穴 强別下蒼煙

중은이 이어서 읊었다.

바위 앞에는 오래된 집이 있는데
바위 꼭대기에서는 하늘을 오를 만하네.
오솔길 있는 곳에는 구름이 다니고
먼 산 주변에는 해가 뜨는구나.

그윽이 찾아서 옛 부처를 엿보고
청아하게 앉아서 날아가는 신선에게 읍하네.
인간 세상의 저녁을 굽어보니
흐릿하게 연기가 빠르게 지나가네.

巖前牢置屋 巖頂可攀天
細路雲行處 遙山日出邊
冥探窺古佛 淸坐揖飛仙
俯視人間夕 依依驀之煙

지국이 차운하였다.

만 번 꺾어지며 험한 곳이 다하니
몸이 푸른 하늘에 오른 듯하네.
축서산[152]은 손으로 가리키는 지점의 밖에 있고
대마도[153]는 아득한 곳의 주변에 있네.

152) 축서산(鷲棲山)은 울산광역시 울주군 삼남면과 경남 양산시 하북면 사이에 있는 1,059m의 산으로 통도사의 뒤쪽 산이다. 영축산(靈鷲山)이라고도 하며, 산의 모양이 마치 독수리가 날개를 펼치고 있는 듯한 모습에서 부르는 이름이다.

153) 대마도(對馬島)는 한반도와 일본 규슈(九州) 사이의 바다에 있는 섬으로, 6개의 유인도와 70여 개의 무인도로 이루어져 있다.

돌에는 어느 시대의 부처가 늙고
바위에는 어느 곳의 신선이 노는가?
세상을 떠나려는 표연飄然한 마음이 일어
먼 마을의 연기를 굽어보네.

萬轉崎嶇盡 身如上碧天
鷲栖指點外 馬島渺茫邊
石老何時佛 巖遊底處仙
飄飄遺世志 俯視遠村煙]

또 산허리에서 가느다란 길을 따라 북쪽으로 삼 리쯤 가니 적수암[154] 옛터가 있었다. 대개 병풍바위 아래 조금 흘러온 줄기가 서리고 엎어져서 흙으로 된 대가 있는데, 동쪽을 향해 열려 있어 북쪽 절벽을 마주하면 마치 날개처럼 둥글게 끌어안고 있었다. 위에는 사람처럼 선 세 바위가 있고, 절벽 남쪽과 대臺의 북쪽 사이에는 만 길 폭포[155]가 있어서 우레가

154) 적수암(滴水菴)은 미타암 아래쪽 절벽 아래 있던 암자로, 폐치(廢置)하여 없어진 자리에 새로 건립한 법수원(法水院)·활산선원(活山禪院)이 새로 들어서 있다.
155) 이 폭포는 혈소연폭포(血沼淵瀑布)·혈수용폭포(血水龍瀑布)·혈류폭포(血流瀑布)·혈수폭포(血水瀑布)·비석골폭포 등으로 불리며, 천성산 북동 사면 미타암 아래쪽 법수원계곡·비석골 상단부에 위치하고 있다. 폭포 아래 못을 핏소·피쏘[혈소(血沼)]라고 하는데, 핏소가 다시 한자로 표현되면서 조선 후기 선비들에게는 혈연(血淵)·직

되고 눈이 되고 주렴이 되며 비단이 되었다. 대 앞 백 보쯤 되는 곳의 폭포 너머에는 바위 하나가 우뚝한데, 대를 향해 머리를 숙인 것이 마치 여기서 입으로 밝혀야 할 것이 있는 듯하였다. 대의 남쪽은 미타굴의 아래쪽 산기슭으로 먼 곳을 감싸서 보호하는데, 앞에 큰 들판이 열려서 넓고 환하니 기뻐할 만하였다. 중은이 말하기를 "빼어난 곳이고, 빼어난 곳이로구나. 불지와 미타굴이 비록 빼어난 곳이기는 하지만 승려와 도사가 사는 곳에 지나지 않는데, 이곳은 곧 이른바 '맑고 깨끗하여 깊은 곳을 마주하고, 비고 투명하여 먼 데를 향해 열려 있다.'고 하는 것이다. 만약 그 위에 세 칸짜리 집을 지어 세상의 근심을 풀어 버린다면 그 빼어난 경치가 무엇과 같겠는가? 다만 이 산에서 으뜸이 되는 데 그치지 않고 또한 마땅히 자옥산[156]이나 반구대[157]에 양보하지 않을

연(稷淵)으로 불렸다. 못 옆의 바위에 붉은 검붉은 자국이 나 있는데 이것은 옛날 이 못에서 등천(登天)하던 용(龍)이 흘린 핏자국이라고 전해진다. 폭포와 못의 이름은 여기에서 유래한다.

156) 자옥산(紫玉山)은 경북 경주시 안강면 옥산리에 있는 해발 570m의 산이다. 이 산 아래에 회재(晦齋) 이언적(李彥迪, 1491-1553)을 배향한 옥산서원(玉山書院)이 있다.

157) 반구대(盤龜臺)는 울산광역시 울주군 언양읍 대곡리 반구산(265m)의 끝에 있는 3층의 석대(石臺)로서, 물에 떠 있는 산의 형상이 엎드린 거북 같아서 부르는 이름이다. 이곳은 고려 말 포은(圃隱) 정몽주(鄭夢周, 1337-1392)가 언양에 유배되었을 때 올랐던 곳으로 '포은대'라고도 한다. 반구대 아래의 반고서원(槃皐書院)은 숙종 38년(1712)에 세워져 정몽주·이언적(李彥迪, 1491-1553)·정구(鄭逑, 1533-1620) 세

것이다. 바라건대 그대는 조속히 도모하십시오. 그렇지 않으면 승려[158]에게 잃게 될까 두렵습니다." 하였다. 나는 "비록 그렇기는 하지만 여기에도 운수가 있는데 어찌 쉽게 경영할 수 있겠습니까? 소년 시절에 한 번 이곳에 왔지만 별다른 관심 없이 지나쳤고, 암자 터가 정밀하고 묘함을 깨닫지 못하여 여기까지 이르게 된 것입니다." 하였다.

[인하여 즉석에서 시를 지었다.

궁벽한 땅에는 안개와 노을이 자욱하고
암자 터에는 세월이 아득하네.
푸른 하늘에는 숫돌 기둥[159]이 우뚝하고
굽은 골짜기에는 바위 병풍이 그윽하네.
폭포소리를 듣느라 발걸음 돌리는 것을 잊고
산을 사랑하여 누각을 세우고 싶네.

분을 배향하다가, 영조 4년(1728) 불이 나서 이듬해 중건하였으나 고종 8년(1871)에 훼철되어 1901년 언양군수 최시명(崔時鳴)이 유허비(遺墟碑)를 세워 놓았고, 최근에는 다시 반구서원(盤龜書院)이라는 이름으로 장소를 옮겨 복원하였다.

158) 필추(苾蒭·苾芻)는 승려를 뜻한다.

159) 지주(砥柱)는 중국 황하(黃河)의 가운데 있는 돌기둥으로, 격류 속에도 움직이지 아니하므로 지조를 굳게 지키는 사람을 비유한다.

혈수천의 혈소연폭포

별천지에서 오늘 즐거워하노라니
세상살이의 시름이 다 사라지는구나.

境僻煙霞老 菴墟歲月悠
蒼蒼砥柱屹 曲曲石屛幽
聽瀑忘回屐 憐山欲起樓
別區今日樂 消盡世間愁

또 말하였다.

산허리에는 원숭이 길이 통하고
지팡이 위에는 적수암이 있네.
대는 거칠어져 승려가 살지 않는데
지경은 빼어나서 나그네가 찾아서 오네.
하얗게 걸린 것은 천 층의 폭포요
푸르게 뜬 것은 만 길의 이내[160]로다.
바야흐로 개간하여 집을 지으려는[161] 뜻이 있지만
수풀 사이에서 혹여 부끄러움이 없으려나 싶네.

山腹通猿路 杖頭滴水菴
臺荒僧不住 地勝客來探
白掛千層瀑 蒼浮萬丈嵐
誅茅方有意 林間倘無慚

160) 남기(嵐氣)는 해 질 무렵 멀리 보이는 푸르스름하고 흐릿한 기운으로, 이내를 뜻한다.

161) 주모(誅茅)는 사를 짓거나 집을 짓기 위해 산야의 풀이나 띠를 없애 버리는 것이다.

162) 기원(祇園, 秖園)은 석가(釋迦)가 설법한 정사(精舍)의 이름으로 기수급고독원(祇樹給孤獨園)의 약어(略語)이며, 절·사찰을 뜻한다.

중은이 답하였다.

높은 산꼭대기에서 깨진 기와를 찾는데
어느 시대에 외로운 암자를 지었는가?
폭포를 마셔서 마음을 먼저 씻고
노을을 건너서 손수 찾고 싶네.
바위의 모습은 모두 가파른 벼랑이요
허공의 푸른빛은 곧 흐릿한 이내로다.
높이 나는 새가 아름다운 경관을 독차지하니
품은 마음이 나를 부끄럽게 함을 깨닫네.

危巓尋破瓦 何代寄孤菴
嗽瀑心先濯 凌霞手欲探
巖姿皆峭壁 空翠是微嵐
高鳥專佳境 含情覺我慚

지국이 화답하였다.

현재를 슬퍼하며 옛 땅을 굽어보니
온갖 사물이 모두 느긋하네.
절[162]의 나무는 봄에 덧없이 늙는데

감실[163]의 꽃은 저녁에 더욱 그윽하네.
고상하게 세상을 벗어남이 있는 듯한데
어찌 반드시 억지로 다락에 오르겠는가?
산을 내려가는 길이 비스듬하게 이어지는데
평원은 눈길 닿는 데까지 시름겹구나.

傷今俯古地 雲物摠悠悠
衹樹春空老 龕花晩更幽
有如高出世 何必强登樓
迤邐下山路 平原極目愁

세찬 폭포가 바위 아래에 기이한데
가시나무를 헤치고 나니 옛 암자가 있네.
남은 터는 승려가 떠나 황폐한데
이름난 승경은 나그네가 와서 찾네.
넓은 들은 흐릿하게 숲과 나뉘는데
높은 산은 멀리 이내를 마주하네.

163) 감실(龕室)은 불상(佛像)·신주(神主) 등을 안치시키기 위하여 우묵하게 파서 만든 공간으로, 감(龕)이라고도 한다.

미타암 위쪽의 금수굴

금수굴에서 바라보이는 전경

반계[164] 노인은 시구가 웅건하거늘
호리병을 본떠서 그린 것[165]이 부끄럽네.

激瀑奇巖下 披荊得古菴
遺墟僧去廢 名勝客來探
野曠微分樹 山高遠對嵐
磻翁詩句健 依樣畫葫慚]

읊기를 마치고 직연稷淵[166]을 보려고 폭포를 따라 동쪽으로 내려가니 또 몇 굽이의 아름다운 곳이 있어서 앉기도 하고 가기도 하였다. 직연에 이르니 못의 입구가 남쪽을 향하고 있어서 남쪽으로 건너가면 볼만하지만 일행이 모두 건너기를 꺼려서 보지는 못하였다. 예로부터 용혈龍穴이라고 부르고 지금까지 기우제를 지내는 곳인데, 용이 잠기거나 뛰는 곳이므로 못에 깊고 얕은 곳이 있다고 하였다.

164) 반계(磻溪)는 이양오(李養吾)의 호(號)이다.

165) 호화의양(葫畵依樣)은 옛사람이 그린 호리병을 본떠 그리는 것으로, 창의성이 없이 그림을 뜻한다.

166) 직연(稷淵)은 핏소·피쏘[혈연(血淵)·혈소(血沼)]를 가리키는데, 혈수연폭포의 물이 떨어져서 이룬 못이다.

이에 백명[167] 마을로 내려가니, 문응이 미타암에서 먼저 와서 마을 사람들에게 큰 나무 아래 자리를 깔게 하여 기다리고 있었으므로 함께 앉아 담배를 한 대씩 피웠다. 모두 금수와 적수암의 빼어난 경치를 말하면서 웃음소리가 입에서 떠나지 않았다. 마을 사람이 말하기를 "미타굴 위에는 돌 사이에 또 금수[168]가 있는데 불지보다 낫습니다. 그러나 승려들은 그것을 관람하려는 사람들이 주변을 소란스럽게 할 것을 꺼리고 있습지요." 하였다. 변재필이 나와서 인사하고 술을 사서 권하기에 한 순배 돌리고 마쳤다. 오면서 서창[169]을 지나는데 박내팔[170]이 또 술을 각기 한 잔씩 올렸다. 용당[171]에 이르러 문응의 집에서 점심밥을 먹는데 죽순 국이 별미였다. 또 술을 마시고는 주인 노인과 작별하고 떠나서 돌아왔다. 땅거미가 질 무렵에 강당으로 들어오니 곧 열나흗날이었다.

167) 백명(百椧)은 경남 양산시 웅상읍 소주리의 남서쪽에 있는 백동·백홈 마을을 가리킨다.
168) 이 금수(金水)·금수굴(金水窟)은 미타암 뒤쪽 산록에 있는 동향의 자연 석굴이다.
169) 서창(西倉)은 경남 양산시 웅상읍의 옛 이름이다. 원래 울산의 서쪽에 있는 창고라는 뜻이다.
170) 박내팔(朴來八, 1749-1820)은 서창[西倉, 현재의 웅상읍] 출신 선비로, 자가 군익(君翼)이고 호가 석강(石岡)이며 본관이 울산이다. 기개가 크고 도량이 넓어서 당시에 이름이 알려졌다고 한다.
171) 용당(龍塘)은 경남 양산시 웅상읍에 있는 마을이다.

[성응[172]이 열이튿날 질녀의 혼례를 치렀다고 하며 술과 음식을 가지고 와서 대접하였다. 보름날에는 비가 와서 머물고, 열엿샛날은 우리 고을의 향교[173]에서 백일장을 베풀어 부사가 편지로 성응과 중은을 초대하였다. 함께 갔던 네 사람이 모두 떠나므로 이별하면서 슬픔을 이기지 못하였다.] 중은이 나에게 이르기를 "이번 여행은 참으로 얻기가 쉽지 않은 훌륭한 일인 만큼 기문을 지어 전하여 보임이 매우 좋을 것입니다." 하기에, 내가 "그렇게 하리라." 하였다. 피로 때문에 드러누워 며칠을 넘기고 나서 변변치 못한 글을 지었다.

庚申閏四月上旬 設白戰[174]于石溪講堂 遠近老少多會 南佐郎仲殷[景羲][175] 任院長[176]持國[萬濟] 皆以考官先來 同樂而罷翼日 諸益欲觀圓寂軟綠 强余作伴 辭不獲 於是 五老聯筇而

172) 성응(聖應)은 죽오(竹塢) 이근오(李覲吾, 1760-1834)의 자(字)이다. 울산 출신의 문신으로 남용만(南龍萬)의 문하에서 수학하고 이정규(李鼎揆)와 교유하였다. 1789년(정조 13)에 진사가 되고 이듬해 증광문과에 급제하여 1819년에 벼슬이 사헌부지평(司憲府持平)에 이르렀다. 고향에 양사재(養士齋)를 짓고 후진양성에 힘썼다. 문집 『죽오유집(竹塢遺集)』이 전한다.

173) 교궁(校宮)은 향교(鄕校)의 이칭이다.

174) 목판본에는 '白戰' 이 '白場' 으로 되어 있다.

175) [景羲]는 목판본에는 [ ] 안의 '景羲' 라는 글자가 없음을 표시한다. 이하 같음.

176) 목판본에는 '院長' 이 '斯文' 으로 되어 있다.

西 仲殷持國朴文應[晦錫]尹龍見[倪]及余 族叔宜春亦從 過姑射邨[177] 訪[李]敬衜[178]不遇 有童孫出迎 酌紅露 進白飯 頗款行過雲興[古]寺 僧寮皆茂草 佛宇亦殘廢 非復昔日顔

[令人愁慘 口占曰

何處雲興寺 行尋古樹間 無僧迎好客 餘佛守空山

鳥跡登階徧 蝸涎上壁盤 憶曾諸士友 於此共團圞

持國亂曰

久廢雲興寺 松杉水竹間 塔孤依古木 寮靜鎖空山

可歎緇徒迸 旋悲佛像盤 重尋秋後約 何日更團圞]

小憩于看香閣 日下稷 抵獅子菴 先坐臺 風之臺極蕭爽 入宿西版頭 僧多舊顔 爲之眷眷

明日 發向內山 兩衲携酒肴從之 踰嶺坐草 步酒數巡而罷 宜春有力能拔虎尾 故號爲虎尾將軍 虎尾牽鬣 不堪下孔道 使之迤行 待於大芚 一衲還 一衲偕 數里許 入曹溪庵[179] 菴僧酒之[180] 行百餘武 至安寂菴 結構極精 名於山中 僧待之亦款午飯後 命僧指路 沿溪而南 水石淸奇 或掬而嗽 或坐而吟 及至大芚店 虎尾待之已久 摘紅蔦藍滿盤 啖之極快 可令蔗漿

177) 목판본에는 '邨'이 '村'으로 되어 있다.

178) 목판본에는 이 자리에 '族'이라는 한 글자가 더 있다.

179) 목판본에는 '庵'이 '菴'으로 되어 있다.

180) 목판본에는 '酒之'가 '進酒'로 되어 있다.

退舍 又沽酒勸之 各飮一杯[181] 酒亦旨

咸曰 佛池淸賞 不可無助興者 呼僧持壺前行 越溪仰嶺 嶺峻當面而立 十步一休 旣踰 南下西迤 至佛池 其山削立千尺 而實一大石 池亦石中水 其色下玉而上金 其源不涌而自滴 飮之極淸冽 水旱無盈縮 意者石中有鐵 鐵中有液 液積而爲池 池水之有金色 理所固然

僧進酒 聚坐石上 酬酌而盡 裂鰒而嚼 又請文應歌之 其聲與松風相上下 足當管絃 仲殷顧余曰 如此佳處 可無詩乎 余曰諾 沉[182]吟得句[云

獵景山深處 行行入洞天 披雲尋石徑 窺竇啾金泉
邨店呼罇飮 僧房借榻眠 聯翩黃棘杖 酬唱綠陰邊

仲殷酬之曰

淸和好時節 攜手入壺天 屢坐因逢石 徐行爲聽泉
風襟如羽化 聲晝逼龍眠 落日登臨罷 尋僧紫翠邊

持國次之曰

尋眞遲暮客 圓寂洞中天 林密爭號鳥 巖開又湧泉
杏村沽酒飮 蓮社伴燈眠 去海無多地 三山縹緲邊

龍見繼之曰

181) 목판본에는 '杯' 가 '盃' 로 되어 있다.
182) 목판본에는 '沉' 이 '沈' 으로 되어 있다.

我自人間至 山中別有天 峯峯糚白玉 谷谷掛淸泉

金水平明飮 彌陁薄暮眠 東南名勝地 謾付丈身邊]

東行數里 入成佛菴 送安寂僧 菴雖禪室 接賓不窘 但其室多壁蝨 夜不成眠[183)]

明日飯後 東至圓寂菴 其間里餘燒煙一俙罷 虎尾告別甚悵 使一沙彌引路南下 谷深水滙 又多盤陁石 小坐徐行 至峴上 諸友皆向見性菴 余與文應落後 是日熱甚 移時坐歇 文應言見性路甚艱 莫如直向內院 於是流憩緩步 往內院 登西樓 脫衣巾頹臥 [呼僧問酒家 以無對] 俄而諸友從見性來

[以詩自訟云

路從巖罅入 人在畫中行 宿霧峯峯歇 時禽處處鳴

仲殷搖嶽筆 文應遏雲聲 步步耽奇勝 臨流浣世情

仲殷步其韻

緣崖或度谷 流憩復閒行 林密寺何在 日遲鐘未鳴

近雲知鹿跡 隔葉得鸎聲 特地幽期再 煙霞若有情

持國曰

昨宿雲興洞 西登十里行 煙隨曉翠散 風送午鍾鳴

綠葉堪淸賞 黃鸝又好聲 花江歸去客 臨別若爲情

見板上有二三僧韻 次曰

183) 목판본에는 '眠' 이 '寐' 로 되어 있다.

谷行時正熱 樓坐客忘還 曲曲鳴琴澗 重重活畫山

吟詩憖白髮 酌酒借朱顔 到處皆佳境 淸陰綠樹間

仲殷應之曰

內院深如鎖 閒雲自往還 小樓排早熱 隣磬掛前山

竹杖非生客 巖屛尙舊顔 那分溪一曲 添置屋三間

持國續之曰

金水奇觀後 因尋見性還 徘徊緣碧澗 迢遰越蒼山

鳥喚詩人興 春留醉客顔 那邊內院是 知在白雲間]

僧進午飯 余與文應不勝憊 欲留 持國言 日尙早 不可留 令路服前導 遂行 嶺高且遠 從趾距椒十里云 步步而休 轉轉而登 東下踰峴 又折而北上[184] 石徑甚窄 往往傾危屨之 甋甗 暮宿彌陀菴 供飱[185]可口 無壁蝨 穩睡

次日朝食 同往觀窟 窟在菴東稍北百柯許 其山亦純石而高大稍遜於佛池 山底有窟 向東開口 外闊內狹 中立丈餘之石 前刻佛像 設席於座下 以其有靈驗 祈禱者 踵相接所以爲居僧饜足之道也 若論山之奇勝 佛池彌陁可謂伯仲

184) 목판본에는 '上'이 '下'로 되어 있다.
185) 목판본에는 '飱'이 '飧'으로 되어 있다.

[作詩以別曰

客訪千年窟 時當四月天 遠望滄海外 高坐白雲邊

中立阿彌佛 傍通羽化仙 渾疑探禹穴 强別下蒼煙

仲殷續吟曰

巖前牢置屋 巖頂可攀天 細路雲行處 遙山日出邊

冥探窺古佛 清坐揖飛仙 俯視人間夕 依依藹之煙

持國次曰

萬轉崎嶇盡 身如上碧天 鷲栖指點外 馬島渺茫邊

石老何時佛 巖遊底處仙 飄飄遺世志 俯視遠村煙]

又從山腹 線路益[186]北三里許 得滴水菴舊址 盖[187]石屛之下稍有來脉 蟠伏爲土臺 東向開 面北壁 環擁如翼 上有人立三巖 壁南臺北間 有萬丈飛瀑 爲雷爲雪 爲簾爲練 臺前百步許越瀑 一石特立 向臺俯首 如有所辟睸焉 臺南則彌陁下麓 遠抱回護 前開大野 曠朗可喜 仲殷曰 勝地勝地 佛池彌陁雖勝不過爲緇徒丹士之所居 而此地則所謂清淨[188]當深處 虛明向遠開者也 若置三間屋於其上 而消遣世慮 則其爲勝地何如也不但爲此山第一 亦當不讓於玉山盤龜 願君早圖之 恐見失於

186) 목판본에는 '益'이 '轉'으로 되어 있다.

187) 목판본에는 '盖'가 '蓋'로 되어 있다.

188) 목판본에는 '淨'이 '浄'으로 되어 있다.

苾蒻[189]也 余曰 雖然 此亦有數 豈能容易經營 少年時 一過此地 泛然看過 不悟菴基之精妙 至於此也

[仍口號曰

境僻煙霞老 菴墟歲月悠 蒼蒼砥柱屹 曲曲石屛幽

聽瀑忘回屐 憐山欲起樓 別區今日樂 消盡世間愁

又曰

山腹通猿路 杖頭滴水菴 臺荒僧不住 地勝客來探

白掛千層瀑 蒼浮萬丈嵐 誅茅方有意 林間倘無慚

仲殷答之曰

危巔尋破瓦 何代寄孤菴 噉瀑心先濯 淩霞手欲探

巖姿皆峭壁 空翠是微嵐 高鳥專佳境 含情覺我慚

持國和之曰

傷今俯古地 雲物摠悠悠 秖樹春空老 龕花晚更幽

有如高出世 何必强登樓 迤邐下山路 平原極目愁

激瀑奇巖下 披荊得古菴 遺墟僧去廢 名勝客來探

野曠微分樹 山高遠對嵐 磻翁詩句健 依樣畫葫慚]

吟罷 欲觀稷淵 沿瀑東下 亦有數三曲佳處 且坐且行 至稷淵 淵口向南 南渡可觀 一行皆憚渡 不得觀 自古稱龍穴 至今爲雩所 然龍所潛躍 淵亦深淺云

189) 목판본에는 '蒻' 가 '蒻' 로 되어 있다.

仍下百棆村 文應自彌陁先來 令村人設茵於大樹下以待 同坐燒烟俗 皆說金水滴水之勝 吃吃不離口 村人曰 彌陁之上 石間亦有金水 勝於佛池 而僧恐觀之者鬧牢 諱焉 卞再弼出見沽酒侑之 一巡而罷 來過西倉 朴來八又進酒各一杯 至龍塘文應家午飯 笋羹爲別味 又酌之 因別主人翁 發還 薄暮入講堂 迺十四日也

[聖應從以十二日行姪女婚禮 持酒饌出饋 十五日雨仍留 十六日本府校宮 設白場 主倅書速聖應及仲殷 同行四人皆去 作別不勝黯然]

仲殷謂余 今行實不易得之勝事 作記傳示甚好 余曰 然 因憊臥 越數日 杜撰之[190]

이 유람기는 3박 4일에 걸쳐 원적산(천성산)을 유람한 기록으로 길이가 다른 유람기에 비해 매우 길며, 불지와 관련한 사항은 둘째 날의 일정에 포함되어 있다. 안적암에서 점심을 먹고 그곳의 승려를 길라잡이로 삼아 상리천 계곡을 따라 내려온 일행은 현재의 노전암 자리에 있던 주점인 대둔점에 쉬면서 오디를 먹고 술 한 잔씩을 마셨다. 불지의 청아한 놀이와 감상에 흥을 도울 것, 곧 술이 없어서는 안 된다는 중의衆議에 따라 승려에게 술

190) 목판본에는 '杜撰之'가 '撰之如右'로 되어 있다.

병을 들려 먼저 보낸 뒤, 일행은 "열 걸음 걸을 때마다 한 번씩 쉬며" 허위허위 높은 고개를 올라가서 그 너머에 있는 불지에 도착하였다. 불지 주변의 경관과 불지의 모습을 설명한 부분은 다음과 같다.

> 그 산은 깎아지른 듯 천 자 높이로 서 있지만 실제로는 하나의 큰 바위였다. 못도 바위 가운데서 나온 물인데, 그 빛깔이 아래쪽은 옥색이고 위쪽은 금빛이다. 그 근원은 솟아나지 않고 저절로 떨어지는데 마시면 매우 맑고 차며, 물은 가물어도 넘치거나 줄어들지 않는다. 바위 속에 쇠가 있고 쇠 속에 액체가 있으며, 액체가 쌓여 못이 된 것으로 생각된다. 못의 물에 금빛이 있게 된 것은 이치가 참으로 그러한 것이다.

일행은 이처럼 아름답고 신비한 불지를 구경하고 서로 술을 권하여 마시며, 그들 중에서 노래를 잘 부르는 풍류남 '문웅'에게 몇 곡조 불러 달라고 요청하여 풍악을 들으면서 흥을 풀고, 돌아가며 시를 지으며 유쾌하게 즐겼다. 불지와 그 주변의 풍광은 시인이라면 시를 짓지 않고는 못 배기게 하는 명소였음이 분명하다.

이 원적산 유람기는 가다가 들르는 곳의 분위기와 일행이 지은 한시까지 모두 수록함으로써 산속의 명소를 즐기는 동행인의 기분과 감흥까지 함께 보여 준다는 점에서 다른 글들에 비해 훨씬 다정다감한 면모를 보여 주고 있다.

필자는 이 유람기를 바탕으로 20년 전에 불지를 찾으려고 하였으나 그 핵심 지점인 대둔점의 자리를 찾지 못하는 바람에 포기하였다가, 이번에 다시 탐색을 시작한 결과 결국 불지를 다시 찾는 데 성공한 것이다.

7. 이양오李養吾, <금수해金水解>[191) [1800년 윤4월]

이 글은 울산부 웅촌면 석계[石溪, 돌내] 마을에 사는 이양오(1737-1811)가 원적산의 불지를 유람하고 난 다음에 그 굴속에 있는 약수 곧 황금색 물인 금수의 정체를 밝히려고 쓴 것이다. 이 글을 쓴 시기는 명확하지 않지만 19세기 울산 선비의 자연 현상에 대한 이해 수준을 가늠하는 데 참조가 된다.

이양오의 생평은 앞의 '6. 이양오(李養吾), 〈중유원적산기重遊圓寂山記〉'에서 소개하였으므로 여기에서는 생략한다.

[〈금수해〉 전문]

금수굴은 양주 원적산 안에 있으며 일명 불지라고 하는데, 진사[192) 오희창[193)이 그 기記를 지었다.

191) 이양오(李養吾), 〈금수해(金水解)〉, (목판본) 『반계집(磻溪集)』 권5, 「잡저(雜著)」.

굴은 한 칸의 석실로 서쪽에 뚫은 듯한 문이 있고 가운데에는 맑은 샘물이 있어서 문턱까지 그득하지만 본디 솟아 나오는 근원은 없다. 다만 물 색깔에 노란색이 떠서 형상이 있음을 조금 느낀다. 합치면 금종이가 되고 나뉘면 금 국화가 되며, 가늘디가늘어서 금실이 되었다가 점점이 흩어져서 금가루를 뿌려놓는 것처럼 된다. 가물면 노란색이 짙어지고 장마가 들면 문득 옅어진다. 어떤 이는 "햇빛이 만약 돌 사이의 물에 비치면 햇살에 비치는 것이 어찌 한계가 있겠는가?" 하고, 어떤 이는 "금이 아래에 있어서 기운이 물로 쏟아져 나온다."고 하지만 과연 어떻게 기운에 형상이 있겠는가? 불자佛者는 "색상[194]의 영험이다."라고 하지만 이것은 허황하여 믿을 수 없다. 그러나 그것을 마셔도 줄어들지 않는 것은 또 어떤 이치인가?

나는 일찍이 그곳을 찾아가서 보고 매우 괴이하게 여겼다. 그 뒤에 우연히 의학 서적을 보니 철액법鐵液法이라는 게 있는데, 이것은 참으로 늙음을 물리치는 처방이어서 장차 시

---

192) 상사(上舍)는 생원(生員)이나 진사(進士)를 뜻한다.

193) 오희창(吳喜昌, 1656-?)은 조선 후기의 문인으로 자는 경백(慶伯)이고 본관은 보성(寶城)이다. 1690년 진사시에 합격하였다.

194) 색상(色相)은 색깔을 뜻하는데, 여기에서는 불교에서 불상(佛像)을 장식하는 황금색과 일치하는 금수(金水)의 의미를 드러내기 위한 장치이다.

험해 보려 하였다. 또 어떤 늙은이가 철액을 마신 지 반년 만에 다리가 튼튼해지고 양기가 세어졌을 뿐 아니라 쇠 같은 소리가 나고 침이 맑아졌으며, 마시는 그릇도 물이 들어 황금색이 되었다고 하였다. 나는 그 말을 듣고 비로소 금수가 또한 철액인 것을 깨달았다. 원적산은 예로부터 철이 생산되어 거기에 사철(沙鐵[195])이 있었다. 생각건대 굴속에 석철(石鐵[196])이 있어서 그 액은 자연히 금색을 띠는데, 4월이 되어 색깔이 더욱 짙어지는 것은 어찌 불기운에 그을려 액체에 나타난 것이 아니겠는가? 물이 솟아나지 않는데도 줄어들지 않는 것 또한 어찌 금에서 물이 나와 절로 젖은 것이 아니겠는가? 이것은 이치가 그러한 까닭이다.

나는 금년에 늙음과 질병이 심하여 다리가 뻐근하고 정신이 혼미하여 비록 민간의 비방을 시험하였으나 지금의 약이 오히려 그 신묘한 영험을 얻지 못하므로, 굴에서 가까운 절에 가서 기거하면서 이 물을 마심으로써 늙음을 물리치는 처방을 시험해 보고 싶었으나 세상살이에 얽매여 한갓 계획에 머물 뿐 실천하지 못하였으니 탄식하지 않을 수 있는가?

195) 사철(沙鐵)은 철 성분이 들어 있는 모래로, 예전부터 제철 원료로 많이 사용되었다. 『세종실록 지리지』에 의하면 세종 당시 조선의 철산지의 약 70%가 사철로 철을 생산하였다고 한다.

196) 석철(石鐵)은 철 성분이 많이 포함된 광석, 곧 철광석이다. 『세종실록 지리지』에는 전국 14개 지역에서 석철이 생산된다고 하였다.

철액의 다른 이름은 화금和金이다. 화금이라고 하는 것은 서역西域[197]에서 일컫는 바인데, 서역은 실로 부처님의 고향이다. 이로써 추론하건대 금수를 불지라고 일컫는 것은 그 또한 의미가 있다. 마침내 그것을 풀이해 줌으로써 후세의 사물에 해박한 사람을 기다리고자 한다.

金水窟在梁州圓寂山內 一名佛池 吳上舍喜昌記之

窟自一間石室 西有門如鑿 中有玉水 盈盈於門限 而元無湧出之源 但水色浮黃 微覺有形 合而爲金牋 散而爲金菊 細細爲金縷 點點爲金灑 旱則深黃 霖則便淡 或曰 日光之映倘爾石間之水 映日者何限 或曰 金在下 而氣射於水 果然何氣之有形 佛者曰 色相之靈驗 此則誕不可信 然飮之不縮 又何理也 余嘗過見 而甚怪之 其後偶閱醫書有鐵液法 此誠却老之方 將欲試之 且見一老叟飮鐵液半年 脚健而陽壯 金聲而淸涎 飮器亦染爲黃金云 余聞之 始覺金水之亦爲鐵液也 圓寂之山自古産鐵 而有沙鐵焉 意者窟中有石鐵 其液自然有金色 而至四月色益爛 豈非火所熏而發於液者耶 水不湧而不縮 亦豈非金生水而自潤者耶 此理所固然

197) 서역(西域)은 중국의 시각에서 서쪽, 대체로 중앙아시아 일대를 가리키며, 실크로드를 따라 교역과 문화 교류가 활발했던 지역이다. 여기에서는 인도(印度)를 가리킨다.

余今年老病深 脚澁神迷 雖試之以俗方 時藥尙不得其靈驗之妙 欲往栖于近窟禪房 而飮此水以驗却老之方 見掣於世故徒計未果 可勝歎哉

鐵液之別名和金 和金者西域之所稱 西域實佛之鄕 以此推之金水之稱佛池 其亦有意歟 遂爲之解 以竢後之博物者

이 인용문은 불지의 샘, 곧 굴속의 못에 고인 액체인 금수의 정체를 밝히려고 쓴 글이다. 이양오는 이 황금빛 샘물이 의학 서적에 나오는 '철액鐵液'이라는 사실을 확신하고 그 효능의 예로 "어떤 늙은이가 철액을 마신 지 반년 만에 다리가 튼튼해지고 양기가 세어졌을 뿐 아니라 쇠 같은 소리가 나고 침이 맑아졌으며, 마시는 그릇도 물이 들어 황금색이 되었다."고 하는 효험을 신봉하여 한번 시음해 보려는 의도가 있었다고 하였다.

철액의 효능에 대해서는 일찍이 소두산蘇斗山[198]이 언급한 바 있다. 그는 〈범약허가 진언한 바의 철액 처방. 서序가 붙어 있다(范

198) 소두산(蘇斗山, 1627-1693)은 조선 후기의 문신으로, 자가 망여(望如)이고 호가 월주(月洲)이며 본관이 진주(晋州)이다. 서인(西人) 영수(領袖) 송시열(宋時烈)의 문인이다. 1652년(효종 3) 사마시에 합격하여 진사가 되고 1660년(현종 1) 식년문과에 장원급제하였다. 제주목사·강릉부사·의주부윤·동래부사·공홍도관찰사(公洪道觀察使)·평안도병마절도사 등을 지내고 기사환국(己巳換局)으로 남인이 정권을 장악하자 벼슬을 버리고 낙향하여 울분 끝에 병사하였다. 문집 『월주집(月洲集)』이 전한다.

若虛所進鐵液方 幷序)〉라는 시의 서序에서 "근래 한양[199]의 사대부 중에 이 처방대로 복용한 자가 많다. 나는 지난해 봄 한양에 갔다가 이 처방을 듣고 남쪽으로 내려온 뒤에 곧 시험해 본 지 이제 열한 달이 되었다. 뚜렷이 먹은 효험이 있어서 대체로 3년 뒤를 기약할 만하므로 율시 1수를 지어서 그것을 기록한다. 이 처방은 3년을 복용하면 신기한 효험을 말로 표현할 수 없을 정도라는 말이 있기 때문이다."[200]라고 하여 그 효험을 인정한 다음, 시[201]를 지어서 철액의 처방은 금단金丹의 비결보다 나으며 청춘을 회복하여 질병을 치료할 수 있으므로 가는 세월을 슬퍼할 필요가 없다고 하였다.

199) 낙하(洛下)는 낙읍하(洛邑下)의 준말로, '낙양(곧 도성) 아래' 를 뜻하며, 도성이나 한양을 가리킨다.

200) "近來洛下士夫服此方者多矣 余於上年春抵洛而聞此方 南爲後卽試之 于今十有一朔矣 顯然食效 庶幾可期於三年之後 仍構一律以記之 本方有服之三年 神效不可言之語故云"

201) 소두산(蘇斗山), 〈범약허가 진언한 바의 철액 처방. 서(序)가 붙어 있다(范若虛所進鐵液方 幷序)〉, 『월주집(月洲集)』 권1, 「시(詩)」.

금단(金丹)의 비결을 배우지 말고
반드시 철액(鐵液)의 처방을 구해야 하리.
용량은 한 말 이상으로 하여
몇천 잔이나 통음(痛飮)하였던가?
마음대로 젊은 기운을 넉넉히 빌리고
인하여 질병을 잘 다스리네.

철액의 이런 효험에 근거하여 이양오는 불지의 금수가 철액이 분명하다고 확신하고 있는데 그 이유는 다음과 같다. 곧 원적산은 예로부터 철이 났을 뿐 아니라 그곳에 사철沙鐵이 있는 것으로 보아 철의 산지가 분명하다는 점이다. 굴속에 석철石鐵이 있으므로 그 액체는 자연히 금색을 띠고, 4월에 색깔이 더욱 짙어지는 것은 불기운에 그을린 것이 액체에 나타난 현상이라는 것이다.

그러나 이양오의 이런 주장과 근거는 그의 일방적 생각일 뿐 과학적 검증을 거친 결과가 아니므로 그의 언급이 객관적 사실과 부합한다고 하기는 어렵다. 그가 석철이라고 한 광석이 사실은 황철석[202]으로 거기에는 황금 성분이 포함되어 있지 않았기 때문이다. 다만 우리는 2백 년 전 울산의 한 문인이 황금빛 금수의 정체를 밝히려 시도한 그 노력을 인정하는 선에서 평가를 마쳐야 할 것이다.

오래 삶이 여기에 있음을 알고 있거늘
가는 세월을 어찌 슬퍼하겠는가?
莫學金丹訣 須求鐵液方
量加容一斗 痛飮幾千觴
任借韶華剩 仍治疾病良
長生知在此 歲去豈堪傷

202) 황철석(黃鐵石)은 철(鐵)과 황(黃)의 황화 광물로, 겉모습이 금처럼 노란빛을 띠어 '바보의 금(Fool' s Gold)' 으로 불리기도 한다. 옛날에 이것을 이것을 금이 들어 있는 광석으로 착각한 사례가 많았다고 한다.

참고: 홍만선(洪萬選, 1643-1715), '철액법鐵液法'[203]

범약허范若虛는 상소문에서 "신臣이 해묵은 병 때문에 30여 년을 산속에 들어가 있었는데, 꿈에 어떤 신인이 와서 이르기를 '너의 병은 철액을 먹으면 낫는다.' 하였습니다. 그리하여 천하의 명의에게 다 물어보았으나 알지 못하였고, 신승神僧 달마達摩에게 물어보니 '그렇다. 이 약은 범인은 천하게 여기지만 성인은 귀하게 여기는 것이다. 다섯 가지 철鐵 가운데 수철[水鐵, 무쇠]은 독이 없으며, 오방五方의 금金 중에는 동방의 금이 가장 좋은 것이다.' 하고는, 드디어 먹는 방법을 가르쳐 주므로 21일을 먹으니 조금 나았고, 100일을 먹으니 큰 차도가 있었습니다. 신이 70세 전에는 자식이 없었으며 72세에 상처喪妻하였는데, 그 후에 아내 한 명과 첩 둘을 얻어 4남 2녀를 두었으며, 지금 나이 1백 20살이 되었으나 밤에 잔글씨를 읽을 정도입니다." 하였다.

가래와 쟁기의 생철生鐵 5근을 숯불 위에 올려놓고 벌겋게 달구어 망치로 부수어서 혹은 밤알, 혹은 바둑알 크기로 4근 남짓하게 장만하여 정화수井華水에다 100번 깨끗이 씻은 다음 흰 자기 항아리에 담아 정화수 1말에 담근다. 그리고 굳게 밀봉하여 기운이 새어 나가지 않도록 해야 하며 따뜻한 곳에 두거나 부인이 가까이하게 하지 말아야 한다. 그렇게 해서 봄과 여름에는 3~4일, 가을 겨울에는 6~7일이 지난 다음 개봉하여 큰 잔으로 하나씩 먹는다. 혹은 하루에 세 번씩 임의로 먹기도 하는데 정화수는 떠내는 양만큼 더 첨가한다. 오래 먹으면 비위脾胃를 돕고 골수骨髓를 메우며, 다리의 힘이 건장해지고 눈이 밝아지며 기운이

203) 홍만선(洪萬選), 『산림경제(山林經濟)』 권1, 「섭생(攝生)」, 〈복식(服食)〉.

더해지는가 하면 주독酒毒을 제거하고 입 냄새를 줄여 준다. 그리고 흰 머리가 다시 검어지고 빠진 이가 다시 나며 소리가 금석처럼 울려서 귀신도 놀라고 두려워한다. 아내가 없는 이는 먹어서는 안 된다. 이는 양기가 동하는 것을 억제하기 어렵기 때문이다. 음식은 무엇이든 가리는 바가 없으나 돼지고기만은 꺼리며 3년마다 한 번씩 철鐵을 바꾼다. ○생철生鐵을 물에 담가 놓고서 날마다 오랫동안 마시면 황고[黃膏, 뼛속의 골]가 생겨 더욱 몸이 가볍고 다리가 튼튼하게 된다. (『의학입문』) 사문斯文 노경린盧慶隣이 철액을 먹은 지 1년이 경과하자 정신이 갑자기 소모되어 죽었으니, 약을 먹는 자는 마땅히 경계할 줄 알아야 한다. (『지봉유설』)

鐵液法 范若虛疏曰 臣以宿疾 入山三十餘年 夢有神 人來言曰 汝病服鐵液則愈 問于天下名醫皆不知 問神僧達摩 曰然 此藥凡人之所賤 聖人之所貴 五鐵之中 水鐵無毒 五方之金 東方之金最良 遂敎服法 三七日少愈 百日大差 臣七十前無子 七十二喪妻 娶一妻二妾 生四男二女 今年百有二十 夜讀細字 鏵鐴生鐵五斤 炭火上燒令赤 鎚碎煅煉 或如栗子或如棊子大四斤許 井華水百度淨洗 納于白瓮缸 井華水一斗浸之 堅封勿洩氣 勿置溫處 勿令婦人近之 春夏經三四日 秋冬六七日開封 飮一大盞 或一日三服任意 而井華水 隨出隨添 久服補脾胃 塡骨髓健脚力 明目益氣 去酒毒滅口鼻 白髮還黑 落齒更生 聲若金石 鬼神驚怕 無妻妾者不可服 陽盛難制也 飮食百無所忌 只忌猪肉 三年一改鐵 ○生鐵漬水日取食之 日久生黃膏尤勝 令人輕健 入門 盧斯文慶麟 服鐵液踰年 精神頓耗乃死 服藥者宜知戒 類說

8. 남경희南景羲, <재유원적산기再遊圓寂山記>[204) [1800년 윤4월]

이 글은 경주의 선비 남경희(1758-1812)가 경주 용산서원龍山書院[205) 원장 임만제任萬濟 및 울산 친구 이양오李養吾 등 몇 명과 함께 1800년 윤4월 11일에서 14일까지 3박 4일 동안 원적산을 유람하고 쓴 기행문이다. 그는 앞에서 살펴본 '6. 이양오李養吾[206), 〈중유원적산기重遊圓寂山記〉'의 작자와 이 여행에 동행하여 일정을 함께하였으므로 두 인물이 각기 작성한 유산기遊山記를 비교하며 읽는 재미가 쏠쏠하다.

---

204) 남경희(南景羲), 〈재유원적산기(再遊圓寂山記)〉, 『치암집(癡庵集)』 권6, 「기(記)」.

205) 용산서원(龍山書院)은 1699년(숙종 25)에 경주 지방 유림의 공의로 최진립(崔震立)의 충절과 덕행을 추모하기 위하여 고위산(高位山) 아래에 창건하여 위패를 모신 서원이다. 1711년에 '숭렬사(崇烈祠)'로 사액되었는데, 이때 유림이 모여 용산서원으로 부르기로 합의하였다. 1868년(고종 5) 대원군의 서원철폐령으로 훼철되었다가 1903년 유림의 공의로 설단(設壇)하여 향사를 지내 왔으며, 1973년 유림에 의하여 복원되었다.

206) 이양오(李養吾, 1737-1811)는 울산의 문인으로 자가 용호(用浩)이고 호가 반계(磻

남경희는 경주 보문리에 거주한 문신으로, 자가 중은仲殷이고 호가 치암癡庵이며 본관이 영양英陽이다. 용만(龍萬, 1709-1784)의 아들이고 국선國先의 손자이며, 우명宇明의 증손이고, 유의건柳宜健의 외손이다. 1777년(정조 1) 문과에 급제하여 승문원박사·성균관 전적·사헌부감찰·병조좌랑·사간원정언 등을 지냈으며, 1791년 향리로 돌아와 은거하였다. 문집 『치암집癡庵集』이 전한다.

[〈재유원적산기〉 전문]

임자년(1792)[207]에 나는 이자형[208]과 함께 원적산의 여러 암자를 살펴보았는데, 잠을 잔 두 곳은 내원암과 금봉암이고 거쳐 간 세 곳은 원적암과 성불암 및 서암西庵이었다. 어떤 사람은 볼만한 것을 이제 다 보았다고 하고, 어떤 사람은 이것으로 다 보았다고 하기는 부족하다고 하였는데, 철이 한겨울이어서 차가운 바람에 흥취가 깨어졌으므로 마침내 금

溪)이며 본관은 학성(鶴城)이다. 중추원사(中樞院使) 예(藝)의 후손이고 의채(宜埰)의 아들이다. 후생 교육에 힘을 쏟아 사헌부지평(司憲府持平)을 지낸 이근오(李覲吾, 1760-1834) 등의 문하생을 키웠다. 문집 『반계집(磻溪集)』이 전하고, 학시서(學詩書) 『시학지남(詩學指南)』이 남아 있다.

207) 임자년(壬子年)은 1792년(정조 16)인데, 이때 남경희의 나이는 45세였다.

208) 자형은 이헌전(李憲銓, 1738-1804)의 자(字)이다. 호는 소봉(小峯)이고 본관은 여강(驪江)이다. 회재(晦齋) 이언적(李彥迪)의 아우 언괄(彥适)의 7세손으로, 남경희보다 10살이 많았으나 친밀하게 지냈다. 정조 16년(1792)에 두 사람이 함께 천성산(千聖山)을 유람한 것이 확인된다.

봉암에서 돌아오고 말았다.

경신년(1800)[209] 윤4월 계해일에 이용회[210]·박문응[211]·임지국[212]·윤용현[213]과 함께 석계[214]에서 가는데 소위 호미장군[虎尾將軍, 범꼬리 장군][215]이라는 자도 따라갔다. 운흥사[216] 골짜기로 길을 잡으니 시냇물 소리와 숲 그림자가 맑고 그윽하여 기뻐할 만하였으나 황폐한 절을 슬퍼하며 사자암에서 묵었다.

---

209) 경신년(庚申年)은 정조 24년(1800)인데, 이때 남경희의 나이는 53세였다.

210) 용회(用晦)는 반계(磻溪) 이양오(李養吾)를 가리킨다. 이양오는 자(字)가 용호(用浩)인데, 여기에서 남경희는 그를 용회라고 지칭하고 있는 것으로 보아, 이것은 이양오의 다른 자이거나, 남경희의 착각이었을 것으로 보인다.

211) 문응(文應)은 박회석(朴晦錫, 1740-1819)의 자(字)이다. 노래에 능하였다.

212) 지국(持國)은 임만제(任萬濟)의 자(字)이다. 호(號)는 무옹(霧翁)이다.

213) 용현(龍見)은 윤현(尹鉉)의 자(字)이다.

214) 석계(石溪)는 울주군 웅촌면 석천리[돌내·회천(回川)]에 있던 마을이다.

215) 호미장군[虎尾將軍, 범꼬리 장군]은 호랑이의 꼬리를 뽑을 만한 힘을 가졌다고 하여 붙은 이양오(李養吾)의 족숙인 이의춘(李宜春)의 별명이다.

216) 운흥사(雲興寺)는 울산광역시 울주군 웅촌면 고연리 반계 마을의 서쪽 운흥동천(雲興洞天)에 있던 사찰이다. 신라 제26대 진평왕 때 창건하였다고도 하고(『울산읍지』), 제30대 문무왕 때 원효대사가 건립하였다고도 한다. 그 후 고려 말에 지공(指空) 선사가 중창하였으나 임진왜란 때 불탄 것을 광해군 6년(1614)에 승려 대희(大熙)가 다시 세웠다. 13개의 암자가 딸린 울산 최대의 사찰로, 1천여 명의 스님들이 수행하였다고 한다. 조선 중기에는 운흥사에서 불교 서적 간행이 활발히 이루어졌으며, 조선시대 말기에 폐치되었다.

갑자일에 승려가 술을 올리기에 가지고 따라오게 하여, 고개를 넘어 풀밭에 앉아서 마셨다. 술이 반쯤 취하여 문응에게 노래를 부르라고 요청하니 호미는 화답에 능하였다. 길이 험하여 말을 통과시키기 어려웠는데, 호미는 말이 있으므로 경사진 길로 가서 대둔점[217]에서 기다리게 하였다. 조계암을 거쳐 안적암에서 쉬는데, 암자가 맑고 깨끗하고 그윽하여 청아하게 앉아서 차마 떠나기 어려웠다. 암자의 승려가 길을 인도하여 계곡[218]을 따라 내려가면서 종종 기이한 곳이 있으면 조용히 쉬며 생각을 맑게 한 뒤에 떠났다. 대둔점에 거의 다 다다른 곳에 백 보쯤 되는 맑은 못이 있는데, 푸른 절벽이 더욱 기이하여 지난번의 유람이 미진하였음을 깨달았다.

주점[219]에 이르니 호미가 과연 기다리고 있어서 붉은 오디[220]를 먹었다. 어떤 사람이 "불지佛池의 청아한 놀이와 감상

217) 대둔점(大芚店)은 신라 시대에 원효대사가 창건한 대둔사(大芚寺)가 없어지고 난 다음 그 근처에 있던 주점(酒店)으로, 현재의 노전암 부근에 위치하고 있었다.

218) 계곡은 현재의 상리천 계곡을 가리킨다. 경남 양산시 하북면 용연리 일대, 천성산과 정족산·원적산 사이의 골짜기를 따라 형성되어 있다. 이곳은 맑은 물과 너럭바위, 소(沼)가 이어지는 전형적인 산지 계곡으로, 봄에 너도바람꽃·흰얼레지·노루귀 등 야생화가 주변에 많이 피는 곳이다.

219) 주점(酒店)은 예전 대둔사[大芚寺]가 있던 자리 근처에 생긴 대둔점(大芚店)을 가리킨다.

에 술이 없으면 안 되지요." 하며 승려에게 술병을 가지고 앞서 가게 하였다. 남쪽으로 높은 고개를 넘으니 서쪽 편에 일천 자[척尺] 높이의 깎아지른 절벽이 보이는데 높다란 모양이 마치 서로 알아보는 듯하였다. 그 구멍에는 물이 있는데 수원이 있지도 않고 흐르지도 않았다. 다만 방울방울 아래로 떨어지는 것이 보였으니 이른바 불지였다. 땅에 가득하게 노란 금이 깔린 듯하여 매우 괴이하였다. 용회가 "돌 속의 쇠가 녹아 나온 것 같은데 이치가 혹시 그럴까요?" 하였다. 승려가 술을 따르고, 문응이 노래 몇 곡을 부르다 보니 날이 저물려 하였다.

성불암에서 묵는데 무는 놈이 성가시게 굴어서 잠을 들지 못하였다. 창에 가득한 달빛이 매우 아름답게 느껴졌다.

을축일에 원적암에 이르러 호미가 하직하고 갔다. 암자 앞에는 골짜기가 깊어 물이 맑고 바위가 희었다. 너럭바위에 잠시 앉아 있다가 또 남쪽으로 높은 고개를 넘었다. 용회와 문응은 나보다 뒤처졌으므로 세 사람이 건성암으로 가는데 길이 매우 험하여 자주 굽고 꺾였다. 암자에서 수십 보 아래쪽에 열 길 폭포를 만나서 지팡이를 짚고 조용히 살펴보았다.

220) 구오(蓲蔿)는 오구(蔿蓲)의 착오인 듯하다. 오구는 포구, 즉 뽕나무 열매인 오디의 울산 방언이다.

이윽고 내려가서 내원암으로 들어가니 두 사람은 노곤하여 서쪽 다락에 드러누워 있었다. 음식을 먹은 뒤에도 날은 아직 이른 시각이었다. 두 사람이 유숙하자고 하였으나 지국이 그럴 수 없다고 하였다. 마침내 길을 떠나서 동쪽으로 큰 고개를 올라가니 길에서 적멸굴[221]이 보였다. 돌의 형상이 어둑하여 그림 같았는데, 그 옆에 암자가 있었는데 지금은 없어졌다고 하였다. 고갯마루에서 잠깐 내려가다가 방향을 꺾어 북쪽으로 올라갔다. 오르내리기를 여러 번 반복하고 벼랑에 매달린 오솔길을 밟고 지나노라니 오싹한 느낌이 들었다. 미타암에서 묵었다.

병인일에 굴[222]을 구경하였다. 굴이 매우 기이하고 특별하여 바위의 자태가 매우 빼어나므로 나는 이에 그 구경이 늦은 것을 탄식하였다. 벼랑을 따라 길을 잡아서 북쪽으로 3리쯤 가니 흙으로 쌓은 대가 평평하게 남아 있었다. 옛 건

221) 적멸굴(寂滅窟)은 천성산의 중앙능선 아래 있는 자연 동굴이다. 이 능선은 짚북재로 올라가는 등산로로 산 정상 근처 바위 상단에 붉은색을 띤 눈썹 형태의 바위가 있어서 그 골짜기를 적미(赤眉)골이라 하고 그 바윗굴을 적미굴(赤眉窟)이라고 하였는데, 신라 때 원효(元曉) 스님이 이 굴에서 수도한 뒤에 적멸굴(寂滅窟)로 불린 것으로 보인다. 이 굴은 후대에 동학(東學)의 창시자 수운(水雲) 최제우(崔濟愚, 1824-1864)가 1857년에 49일간 기도한 곳으로 전해진다.

222) 굴은 미타암의 석굴, 곧 미타굴(彌陀窟)로 현재의 굴법당(窟法堂)을 가리킨다. 여기에 통일신라 때 조성된 보물 미타암 아미타여래입상(彌陀庵阿彌陀佛立像)이 있다.

적멸굴 내부에서 바라보이는 바깥 모습
(최석영 교수 촬영)

적멸굴 입구
(최석영 교수 촬영)

물 자리임을 알 수 있으니 곧 적수암[223] 터였다. 서쪽은 바위 병풍이 둘렀는데, 남쪽은 바위이고 북쪽은 절벽이며 동쪽은 큰 들판이 이어져서 탁 트임과 그윽하고 깊숙함이 모두 적합한 형국이었다. 북쪽 절벽 끝에는 기이한 바위가 사람처럼 서서 문을 이루고 있었다. 폭포[224]가 서쪽 병풍바위의 북쪽에서 나왔다. 쳐다보니 하얀 명주가 대의 북쪽까지 닿아 너럭바위를 안고 떨어지는 듯하여 서쪽의 병풍바위에서 평평한 땅에 이르기까지 만 길의 폭포라고 부를 만하였다. 끊어진 벼랑 옆에 있는 물과 바위가 이와 같으니 기이하고도 기이하였다. "이 산의 유람은 이곳이 극치로구나!"라고 모두 말하였다. 돌 문에서 수백 걸음을 나와 다시 개울을 따라 거닐다가 쉬었다. 굽이굽이 맑고 아름다워서 차마 이별하지 못하였다. 백명[225] 마을에 이르니 마을 사람이 또 말

223) 적수암(滴水菴)은 미타암 아래쪽 절벽 아래 있던 암자로, 폐치(廢置)하여 없어진 자리에 새로 건립한 법수원(法水院)·활산선원(活山禪院)이 새로 들어서 있다.

224) 이 폭포는 혈소연폭포(血沼淵瀑布)·혈수용폭포(血水龍瀑布)·혈류폭포(血流瀑布)·혈수폭포(血水瀑布)·비석골폭포 등으로 불리며, 천성산 북동 사면 미타암 아래쪽 법수원계곡·비석골 상단부에 위치하고 있다. 폭포 아래 못을 핏소·피쏘[혈소(血沼)]라고 하는데, 핏소가 다시 한자로 표현되면서 조선 후기 선비들에게는 혈연(血淵)·직연(稷淵)으로 불렸다. 못 옆의 바위에 붉은 검붉은 자국이 나 있는데 이것은 옛날 이 못에서 등천(登天)하던 용(龍)이 흘린 핏자국이라고 전해진다. 폭포와 못의 이름은 여기에서 유래한 것으로 보인다.

225) 백명(百榀)은 경남 양산시 웅상읍 소주리의 남서쪽에 있는 백동·백홈 마을이다.

하기를 "적수암 위의 바위 병풍 사이에 금수[226]가 있지요, 불지보다 낫다고 하지만 승려들이 꺼리기 때문에 유람객이 이를 수 없습니다." 하였다. 또 그 말 때문에 구슬프게 돌아보았다. 심하도다, 산수의 기이함이여!

그래서 지난번에 어떤 두 사람이 한 말을 생각해 보았다. 모두 다 보았다고 한 사람은 남이 나아가는 것을 막는 사람이고, 다 보았다고 하기에는 부족하다고 한 사람은 남이 끝까지 나아가는 것을 권장하는 사람이라 하겠다. 무릇 천하의 일은 그 끝까지 가 보지 아니하면 족히 그 아름다움을 다 보았다고 할 수 없으므로 군자는 나아가서 그칠 줄을 몰라야 한다. 백 리 길을 가는 사람은 구십 리를 가서 그치더라도 반밖에 못 갔다고 하는데 지난번에 다하지 못한 것이 어찌 다만 십 리뿐이겠는가? 마침내 전과 후에 구경한 것과 마을 사람에게 들은 것을 함께 기록하여 이번 유람에서 아직 다 보지 못한 것을 탄식할 뿐 아니라 또 무릇 세상에서 중도에 그만두는 자들을 경계하고자 한다.

226) 이 금수(金水)·금수굴(金水窟)은 미타암 뒤쪽 산록에 있는 동향의 자연 석굴이다.

歲壬子 余與李子衡觀圓寂山諸庵 所宿二庵 內院金鳳也 所歷三庵圓寂成佛及西庵也 或曰 可觀盡於是 或曰 是不足以盡之 時當大冬 朔風敗興 遂從金鳳歸

庚申之歲 閏四月 癸亥 携李用晦朴文應任持國尹龍見 從石溪往 所謂虎尾將軍者亦從 取道雲興洞天 泉聲樹影 淸幽可喜 弔廢寺 宿獅子庵

甲子 僧進酒 令携而從之 踰嶺坐草行盃 酒半請文應歌 虎尾能和 路險不通馬 虎尾有馬 使迤行待於大芚 歷曹溪 食安寂庵 庵蕭灑窈窕 淸坐不忍去 庵僧引路 循溪而下 往往有奇處 輒靜憩澄慮 然後乃去 幾及大芚店 百步澄潭 翠壁益奇 覺昔者之遊未盡也

至店 虎尾果待 食紅藍蒿 或曰 佛池淸賞 不可無酒 命僧携壺前行 南踰峻嶺 西見千尺削石 偃蹇如相識 其竇有水 不源不流 但見滴滴下墜 所謂佛池也 滿地黃金 甚怪 用晦曰 石中鐵液 理或然歟 僧酌酒 文應歌數闋 日且夕矣

宿成佛庵 愁蝎不寐 滿牕月色甚宜

乙丑 至圓寂庵 虎尾辭去 庵前谷深 水淸石白 小坐盤陀石 又南踰峻嶺 用晦文應後余 三人尋見性庵 路極險 屢屈折 乃得從庵降數十步 得十丈飛泉 植杖靜觀

乃下入內院 二人者僊臥西樓矣 旣食 日尙早 二人欲留 持國不可 遂行 東登大嶺 道望寂滅窟 石狀蒼然如畫 傍有庵 今廢

韻 從嶺頭乍降 折而北登 登降者數 懸岸細路 履之凜然 宿彌陀庵

丙寅 觀窟 窟極奇詭 巖姿特秀 余於是歎其見之晩也 循崖取道 北三里許 而土臺盤結 有舊趾可辨 卽滴水庵也 環以西屛南巖北壁 東臨大野 曠奥皆適 北壁之終 異石人立爲門 飛泉出西屛之北 仰之 如白練至臺北 抱盤陀石而落 從西屛至平地 可稱萬丈瀑 絶頂之側 泉石如此 奇哉奇哉 咸以爲玆山之遊 於玆極矣 出石門數百步 復循溪流憩 曲曲淸麗 不忍別 至百楡村 村人又言 滴水上石屛間 有金水 勝佛池 僧諱之 遊者莫能至 又爲之 悵然回望 甚矣山水之奇也

因思昔者二或人之言 以爲盡觀之者 阻人之進者也 以爲不足以盡之者 勉人進乎極也 凡天下事 不造其極 不足以盡其美 故君子進而不知止 行百里者 九十里而止 謂之半也 昔者所未盡 豈特十里哉 遂幷記前後所觀及所聞於村人者 歎玆遊之猶未盡 而且以警夫世之半塗而止者

이 인용문도 이양오의 〈중유원적산기重遊圓寂山記〉와 마찬가지로 3박 4일 동안 원적산(천성산)을 유람하며 쓴 기행문이다. 그중 불지와 관련된 부분을 보면 다음과 같다.

> 남쪽으로 높은 고개를 넘으니 서쪽 편에 일천 자[척尺] 높이의 깎아지른 절벽이 보이는데 높다란 모양이 마치 서로 알아보는 듯하였다. 그 구멍에는 물이 있는데 수원이 있지도 않고 흐르지도 않았다. 다만 방울방울 아래로 떨어지는 것이 보였으니 불지였다. 땅에 가득하게 노란 금이 깔린 듯하여 매우 괴이하였다.

대둔점[현재의 노전암 근처에 있던 주점]에서 남쪽으로 높은 고개[현재의 공룡능선]를 넘어가면 서쪽 편으로 깎아지른 듯한 높은 절벽이 보이는데, 그 아래쪽에 바로 불지가 있다. 불지는 물이 나는 수원이 없지만 흐르지도 않으며, 바위에 맺힌 물방울이 맺혀서 떨어지고 있다고 증언하고 있다.

땅에 가득히 노란 금이 깔린 듯한 현상에 대해 그 이치를 알기 어려운 점이 있던 차에 용회[반계 이양오의 자]가 "돌 속의 쇠가 녹아 나온 것 같은데 이치가 혹시 그럴까요?"라며 의문을 표한 일화를 소개하고 있다. 이 의문을 해소하기 위해서 쓴 글이 바로 앞에서 살펴본 '7. 이양오李養吾, 〈금수해金水解〉'이다.

이 기행문은 두 번째 원적산 기행문인 만큼 8년 전 겨울에 감행한 제1차 여행과 비교하는 관점을 택하여 미처 가 보지 못했던 곳을 유람한 데 대한 희열을 실감나게 표현하기도 하였다.

> 무릇 천하의 일은 그 끝까지 가 보지 아니하면 족히 그 아름다움을 다 보았다고 할 수 없으므로 군자는 나아가서 그칠 줄을 몰라야 한다. 백 리 길을 가는 사람은 구십 리를 가서 그치더라도 반밖에 못 갔다고 하는데 지난번에 다하지 못한 것이 어찌 다만 십 리뿐이겠는가? 마침내 전과 후에 구경한 것과 마을 사람에게 들은 것을 함께 기록하여 이번 유람에서 아직 다 보지 못한 것을 탄식할 뿐 아니라 또 무릇 세상에서 중도에 그만두는 자들을 경계하고자 한다.

이 대목에서 작가는 작은 경험이라 하더라도 그것을 통해 어떻게 사는 것이 긍적적이고 진취적인 삶인가 하는 문제를 진지하게 생각하게 하는 교훈을 던져 주고 있다. 이 글을 통하여 어떤 일이든 스스로 만족할 때까지 수행해 보고자 하는 작가의 진취적 삶의 자세를 읽을 수 있다.

9. 조표趙滮, <안적산기행安寂山紀行>[227) [1852년-1854년]

이 글은 조표(1807-1871)가 1852년~1854년 사이에 안적산[228)](천성산)을 유람하고 쓴 기행문이다. 그는 조선 후기 울산의 문인으로, 자字가 문원文苑이고 호가 긍재兢齋이며 본관이 함안咸安이다. 철종 3년(1852)에 진사가 되고, 이종상李鍾祥과 유치명柳致明에게 수학하였다. 문집 『긍재유집兢齋遺集』이 전한다.

[〈안적산기행〉 전문]

원적산은 의춘군[229)]의 북쪽에 있는데 수십 리에 걸쳐 자리잡고 있어서 동쪽으로 울주의 서쪽 경계에 닿고, 산과 물이 맑고 기이하여 세속에서 소금강小金剛이라고 부른다. 신라 시

227) 조표(趙滮), 〈안적산기행(安寂山紀行)〉, 『긍재유집(兢齋遺集)』 권2, 「잡저(雜著)」.
228) 안적산(安寂山)은 원적산(圓寂山), 곧 천성산(千聖山)의 이칭(異稱)이다.
229) 의춘군(宜春郡)은 양산군(梁山郡)의 옛 이름이다.

대에 원효 선사가 여기에서 불도佛道를 강설하여 제자가 많았으므로, 아직도 천 명의 성인聖人이 도를 깨친 곳이라고 전해지는데, 금수金水[230]와 성불암이 그곳이다.

일찍이 갑오년(1834) 가을에 헌양[231] 수령 왕희택[232]과 함께 내원암에서 자고 이튿날 성불암에 올랐다가 금수를 구경하고 돌아왔다. 시절이 9월 보름께여서 울긋불긋한 숲과 단풍을 감상하기에 특별히 좋았으나, 출발한 날짜가 너무 갑작스러워서 이른바 안적산의 여러 경승을 다 찾아볼 수는 없었다.

금년[233] 초여름에 용당[234]의 국리[235] 박 노인의 초청으로 다시 금수로 행차할 것을 약속하였다. 바로 아래 동생과 막내아우가 함께 가는데 국리 노인은 명아줏대 지팡이를 짚고 나오

230) 금수(金水)는 천성산 불지(佛池)의 이칭(異稱)이다.

231) 헌양(巘陽)은 언양(彥陽)의 옛 이름이다. 고헌산(高巘山)의 남쪽에 있어서 붙은 이름이다.

232) 왕희택(王熙澤)은 1834년에 언양현감(彥陽縣監)으로 부임하였으나 백성을 돌보지 않는다는 명목으로 이듬해 파직되었다.

233) 금년이 어느 해를 가리키는지는 명확하지 않다. 다만 원적산(안적산) 기행을 다룬 시 작품이, 제작 순으로 배열된 조표(趙彪)의 문집 『긍재유집(兢齋遺集)』 권1에서 〈임자년(1852) 정월(壬子正月).....〉과 〈정월 초하룻날 밤(元夜)〉 뒤, 〈장수하시는 모친의 생신(壽母生朝)〉(갑인년 1854년 6월 26일)의 앞에 수록되어 있다. 따라서 금년은 1852년에서 1854년 사이의 어느 해라고 짐작할 수 있다.

234) 용당(龍塘)은 경남 양산시 웅상읍에 있는 마을이다.

235) 국리(菊籬)는 박희영(朴羲永, 1785-1862)의 호(號)이다. 그는 자가 개언(開彥)으로,

고, 성백聖伯 원로의 여러 형들이 그를 따랐다. 이리저리 거닐면서 열 걸음에 한 번씩 쉬고 어떤 때는 수풀을 헤치고 새소리를 들으며, 바위에 앉아 구름을 바라보기도 하였다. 한낮에 안적암에서 배부르게 먹고 저녁에 조계암에서 묵었다.

다음 날에는 가사암[236] 골짜기에서 출발하여 잠시 새 절[신사新寺]에서 쉬고 저녁에 내원암에서 묵었다. 동생들은 성백의 여러 형제와 금수에 올라갔으나 나와 국리 노인은 골짜기 입구의 너럭바위 위에서 기다렸다. 마침내 의춘[237]의 객관에서 길이 갈라지는데 우리 형제와 성백은 봉래[238] 온천으로 갔다. 돌아오는 길에 동생이 혼자 미타암으로 올라갔으나 나는 피곤하여 그렇게 할 수 없었으므로 가을을 기약하고 돌아왔다.

울산 용당[현재의 양산시 웅상읍 용당동]에 거주한 선비이다. 김도화(金道和)가 쓴 이익만(李翼萬)의 〈행장(行狀)〉(『국포일고(菊圃逸稿)』 부록)에 이익만이 "1818년에 글방 스승 죽오(竹塢) 이근오(李覲吾, 1760-1834), 고을 수재(秀才) 윤선묵(尹璿默)과 박희영(朴羲永), 월성(月城)의 정자(正字) 권찬환(權瓚煥, 1782-1836) 등과 산사에서 만나 강서(講書)·과예(課藝)하는 자리에 종종 참석하여 그들에게 '기상(氣象)이 매우 좋다.'는 탄상을 받았다고 한다."는 대목이 있는 것으로 보아, 향수(鄉秀)로 인정받았음을 알 수 있다.

236) 가사암(袈裟菴)은 양산시 영산대학교에서 조계암으로 가는 길목에 있는 암자이다.

237) 의춘(宜春)은 양산의 옛 이름이다.

238) 봉래(蓬萊)는 동래(東萊)의 옛 이름이다.

圓寂山在宜春郡北 蟠回數十里 東臨蔚州之西界 山水淸奇 俗稱小金剛者也 羅元曉禪師講道于此 弟子衆多 故尙傳千聖 悟道之地 而金水成佛 卽其處也

向於甲午秋 同巘倅王熙澤 宿內院 翌日登成佛 觀金水而歸 時則九月之望間也 紅樹丹楓 殊極可賞 而行期甚遽 所謂安 寂諸勝 未及搜覽矣

今年初夏 因龍塘朴菊籬翁之邀 約更作金水之行 叔季偕往 菊翁扶藜而出 聖伯元老諸兄從之 逍遙杖屨 十步一休 或披 林聽鳥 坐石看雲 午喫安寂 暮宿漕溪

翌朝 自袈裟洞 暫憩新寺 抵宿內院 叔氏與聖伯諸兄上金水 余與菊翁待于谷口盤陀石上 遂自宜春舘分路 吾兄弟及聖伯 向蓬萊溫泉 回路 叔氏獨上彌陀菴 余則憊而未能 秋以爲期 而歸

이 인용문을 통해서 보면 1834년(순조 34) 9월에 언양현감 왕희택과 함께 안적산(원적산/천성산)에 올라 내원암·성불사·금수(불지)를 유람하고, 약 20년 뒤에 다시 안적산을 유람하였으나 피곤하여 금수에 올라가지 못한 사정을 설명하고 있다. 문집에 그때 쓴 시 2수가 실려 있다.

〈셋째 형 종원, 국리 박희영과 함께 안적산에 노닐다(同叔兄宗源朴菊籬丈羲永 遊安寂山)〉[239]

불교도[240]와의 인연은 꿈속에서 10년을 노닌 듯한데
이제 내가 다시 오니 흥취가 더욱 그윽하네.
일천 성인의 이름이 전해짐은 무슨 일과 업보인가?
다섯 신선과 동반함에 풍류가 족하네.
황금빛이 땅에서 솟아나서 인하여 물이 되고
돌의 형세가 허공에 기대어 문득 다락이 되었구나.
밤에 선방에서 묵고 느지막이 골짜기를 나서지만
은거하고 싶은 마음[241]은 홀로 흰 구름과 함께 남겨 두네.

桑緣如夢十年遊 今我重來興轉幽
千聖傳名何事業 五仙同伴足風流
金光湧地仍爲水 石勢憑空便是樓
夜宿禪房遲出洞 遐心獨與白雲留

이 시는 조표가 셋째 형과 국리 박희영을 모시고 안적산(천성산)을 유람한 것을 다룬 것인데, 내용으로 보아 불지(금수)에도

239) 조표(趙滮), 『긍재유집(兢齋遺集)』 권1, 「시(詩)」.
240) 상연(桑緣)은 상문[桑門, 불도(佛徒)]과의 인연, 곧 불교도와의 인연이다.
241) 하심(遐心)은 멀리 떠나려는 마음, 곧 속세를 멀리 떠나 은거하고 싶은 마음이다.

들렸던 듯하다.

전반부에서는 시인이 평소 불교에 관심은 있으나 자주 사찰에 가지 못하다가 불교와의 인연이 깊은 이 산에 다시 오니 흥취가 그윽하다고 한 다음, 천성산의 내력에 대한 의구심을 표시하고 이번에 다섯 신선, 곧 시인 자신을 포함한 다섯 명의 일행이 함께 하게 된 것을 풍류스럽다고 판단하고 있다. 다섯 신선은 곧 제목에 나오는 셋째 형 종원, 박희영, 조표 자신, 그리고 자기의 바로 아래 동생과 막내아우를 가리킨다.

후반부에서는 황금빛이 땅에서 솟아 금수가 되고 높다란 바위의 형세가 허공에 솟아 다락이 되었다고 한 뒤에, 밤에 선승의 방 곧 조계암에서 묵고 느지막이 골짜기를 벗어나면서 그곳에 은거하고 싶은 마음은 홀로 흰 구름과 함께 남겨 둔다고 하여, 속세와 떨어진 이 산속에 머물고 싶은 심정을 드러내고 있다.

〈내원암 골짜기 입구의 너럭바위를 읊다(詠內院洞口盤陀石)〉[242)]

귀신의 도끼로 천 년 동안 쪼고 갈아서
너럭바위에 흐르는 물은 절로 소용돌이가 되네.
등한하게 버려져서 알 사람이 없으니

242) 조표(趙淲), 『긍재유집(兢齋遺集)』 권1, 「시(詩)」.

창려[243]에게 넘어진 석고[244]를 빌려 노래하고 싶네.

鬼斧千年費琢磨 盤陀流水自成渦
等閒抛却無人識 願借昌黎仆鼓歌

이 시는 내원암 골짜기 입구의 너럭바위를 읊은 것으로, 위에서 살펴본 〈안적산기행〉의 "동생들은 성백의 여러 형제와 금수에 올라갔으나 나와 국리 노인은 골짜기 입구의 너럭바위 위에서 기다렸다."고 한 행동으로 보아 그곳에서 금수를 보러 간 일행이 돌아오기를 기다리면서 쓴 시임을 알 수 있다. 시의 내용은 귀신이 쪼듯 신묘한 바위에 소용돌이치는 물이 흘러 아름답지만, 버려진 곳이라 알 사람이 없기에 그 내막을 알리기 위해 〈석고가石鼓歌〉를 지은 당나라의 문장가 한유韓愈에게 쓰러진 석고를 빌려 이곳의 수려함을 알리고 싶은 욕망을 표현한 것이다.

---

243) 창려(昌黎)는 창려백(昌黎伯)에 봉해진 당(唐)나라 문장가 한유(韓愈)의 호(號)이다.
244) 석고(石鼓)는 중국 주(周)나라 선왕(宣王) 때 사주(史籒)가 선왕을 칭송하는 글을 지어서 새긴 북처럼 생긴 바위이다. 당(唐)의 한유(韓愈)가 쓴 〈석고가(石鼓歌)〉와 북송(北宋)의 소식(蘇軾)이 쓴 〈후석고가(後石鼓歌)〉가 전한다.

10. 이세열 씨의 불지 관련 증언[245)] [2024년 5월]

이 증언은 2024년 5월 18일 토요일 오전에 김상걸 전 양산시의회 의장 등 몇몇 지인들과 함께 불지를 탐사하고 돌아오는 길에, 동행한 김동근 씨가 천성산을 올랐다가 내려오는 이세열 씨를 우연히 만나, 그에게서 어릴 때 불지에 오르내렸다고 하는 이야기를 들었다. 며칠 뒤 5월 20일 월요일 오후 네 시에 필자가 전화를 걸어 그와 나눈 통화 내용을 그의 시각에서 정리한 것이다.

> 나는 어릴 때 큰 바위 밑에 있는 굴에 가 보고 했으나 전해지는 특별한 이야기를 듣지는 못하였다. 그곳에 있는 바위 밑의 굴, 곧 불지 속의 물을 식수로 사용하면서 고시에 대비하여 공부하는 학생들이 있었다는 사실을 알고 있었다. 그

245) 이세열(65세) 씨는 경남 양산시 하북면 용연리에서 출생하여 용연에 거주하다, 외가가 용연리 노전암 앞의 한듬[대둔(大芚)] 마을이다.

1980년대 이전 고시 준비생들의 거처 흔적

학생들은 그곳을 자기들끼리 "바위 기운이 세다. 위치가 좋다." 하면서 공부하였는데, 거기서 공부하여 고시에 합격하면 그 사람은 그 집에서 나가고, 한 사람이 나간 뒤에는 또 다른 사람이 자기들끼리 서로 연락하여 새로 들어오는 방식으로 번갈아 가며 공부하였다. 숙식하며 공부하는 곳은 초막을 짓지 않고, 불지에 못 미친 곳에 있는 큰 공터, 곧 아래가 평평하게 바깥으로 삐죽 나와 땅과의 공간을 크게 형성한 곳의 바위 밑에 바위를 천장으로 삼고, 천장과 평평한 땅바닥 사이에는 벽을 쌓지 않았다. 그곳은 그냥 나뭇가지를 엮어서 막고 그 겉에 황토 같은 것을 발라 놓은 가건물 형태였다. 실내 공간은 시골집 방 한 칸 정도쯤 되었는데, 방 한 쪽에 문을 달아서 출입할 수 있도록 하였다. 공부방 안에는 책상처럼 생긴 돌이 놓여 있고, 촛불을 켜 놓고 공부하였기 때문에 촛농이 한 되짜리 병보다 더 높은 두께로 쌓인 까닭에 약 20cm쯤 되었으며, 바깥으로 넓게 촛농이 뻗어 나와 있었다. 마을 사람이 가끔 찾아가면 학생이 공부하는 때도 있고 비어 있는 때도 있었던 것으로 보아 학생이 늘 거주한 것은 아니었다는 사실을 알 수 있었다. 지금부터 대략 45~50년 전인 1975~1980년경에 그곳에 불이 나서 공부하는 학생이 더 이상 거주하지 않게 되었다. 이곳 사정을 나보다 더 자세히 아는 분으로는, 원래 성불암에 계시다가 나중에 금강암으로 옮겨 가신 노 스님이 계셨는데 몇 년 전부터 건강 문제로 경주에 있는 요양병원으로 가셨기 때문에 직접 그분을 만나 증언을 듣기는 어려울 것으로 보인다.

이 증언은 불지 뒤편의 거대한 바위의 기운이 세다고 믿었기 때문에 그 기운을 받아 고시에 합격하기를 바라는 학생들이 1980년 무렵까지 그곳에서 공부하고 있었다는 사실을 알려 준다. 불지와 그 주변 바위가 주는 엄청난 위압감은 정시한이 『산중일기』에서 말한 "다만 바위의 형세가 너무 위태롭고 두렵게 억눌러서 마음이 편치 못하였다. 암자가 자리하고 있는 곳도 몹시 좁았으나 매우 맑고 깨끗하여 신선이 사는 곳 같았다."라고 한 것처럼 그 벼랑 밑에 있는 사람에게 위압감과 불안감을 주기도 하였다. 한편 이 기운이 용기와 생기를 몰아준다고 믿은 사람들로 인하여 이곳은 천성산의 유명한 자연 명소로 인식되기도 하였다.

11. 송상곤 씨의 불지 관련 증언[246)] [2024년 8월]

이 증언은 필자가 2024년 8월 29일 목요일 11시 30분에 솔뫼 송상곤 씨를 통도사 토굴, 곧 서운암의 영남 알프스 버섯연구회 사무실에서 만나 나눈 대화를 정리한 것이다. 그 자리에는 최석영 교수, 서정원 사진작가가 동석하였는데, 그에게 요즘 촬영한 불지 사진을 보여 주면서 예전에 이곳을 본 적이 있는지 물었다. 다음은 그가 한 이야기를 정리한 것이다.

> 나는 약 40년 전 20대 시절[1980년대 중반]에 친구들과 암벽 등반을 하는 과정에 불지 위쪽으로 솟은 바위 벼랑을 타고 아래로 내려간 적이 있었다. 벼랑을 타고 내려갔더니 그곳

246) 송상곤(60세) 씨는 1964년 경남 양산시 하북면 신평리에서 출생하여 20년 동안 영축산과 신불산 사이에 있는 단조성의 내에서 살았으며, 현재 울산광역시 울주군 언양읍 태기리와 양산시 하북면 신평리의 집에서 거주하고 있다.

바위 밑에 움푹 파인 굴이 있어서 그것을 본 기억이 있다. 그 당시에 본 불지는 온전히 사진에 찍혀 있는 현재의 모습 그대로였다. 그때도 불지 앞에는 지금처럼 입구를 둘러싼 담이 있었고 굴속에 바가지가 하나 놓여 있어서 그 물을 마시는 사람이 있다는 사실을 알 수 있었다.

참고: 인터넷 서점 '예스24'에 소개된 솔뫼의 『우리 몸에 좋은 식초대사전』. (그린홈, 2015년 09월 10일)에 나온 솔뫼(송상곤)의 약력은 다음과 같다.

영축산 아랫마을에서 태어나 25년간 고산 지역에서 토굴을 짓고 살면서 3대째 대를 이어 약초와 식물, 자연생태를 연구해 왔다. 국내에 자생하는 상황버섯 24종 중에 1종을 추가로 발견해 널리 알리기도 하였다. 그동안 그의 산속 생활은 2006년 MBC 추석특집 다큐멘터리 〈고수를 찾아서〉 등 TV에 30회 이상 방영되었으며, 5회에 걸쳐 동식물 전시회를 열었다.(중략)

저서로 〈솔뫼선생과 함께 시리즈〉인 『산속에서 만나는 몸에 좋은 식물 148』, 『들고 다니는 산속에서 만나는 몸에 좋은 식물 148』, 『산속에서 배우는 몸에 좋은 식물 150』, 『들고 다니는 산속에서 배우는 몸에 좋은 식물 150』, 『모양으로 바로 아는 몸에 좋은 식물 148』, 『들고 다니는 모양으로 바로 아는 몸에 좋은 식물 148』, 『알면 약이 되는 몸에 좋은 식물 150』, 『들고 다니는 알면 약이 되는 몸에 좋은 식물 150』, 『우리 몸에 좋은 나물대사전』, 『우리 몸에 좋은 버섯대사전』 등이 있다.

4부

불지 관련 한시

1. 김재현金載顯의 시 [1667년]

조선 후기의 문신 김재현(1627-1700)은 자가 회백晦伯이고 호가 노계蘆溪이며 본관이 경주이다. 한양에 거주하면서 20세 이전에 선원전참봉璿源殿參奉이 되고 1662년(현종 3) 증광문과에서 을과로 급제하였다. 정자·지평·집의 등을 거쳐 1689년 승지로 있을 때 숙종이 희빈장씨禧嬪張氏의 소생을 원자로 책봉한 것을 반대하다가 파직당하고, 같은 해 인현왕후仁顯王后의 폐출 사건에 대하여 반대 상소를 올리고 두문불출하였다. 1694년 갑술옥사甲戌獄事로 인현왕후仁顯王后가 복위되고 서인이 등용되자 호조참의로 기용된 뒤 좌승지·한성부우윤·호조참판·도승지·공조참판·형조참지·동지중추부사·경기도관찰사·개성부유수 등을 두루 지냈다.

〈양산군수와 함께 불지사를 찾다. 2수(同梁山倅尋佛池寺 二)〉[247] [1667년]

골짜기 속에서 가마[248] 타고서 더디 감을 싫어하지 마라.
울퉁불퉁한 돌부리에 걸음걸음이 위태롭네.
티끌세상의 번잡한 마음을 오늘 씻으려고
열린 바위 구멍에 앉아 황금 못을 굽어보네.
肩輿洞裡莫嫌遲 石角叉牙步步危
塵土煩襟今日滌 坐開巖竇俯金池

황금빛 사찰 몇 칸이 바위 주변에 기대어 있고
한 늙은 스님이 손님을 맞으며 종을 울리네.
이번 생에 덧없는 세상과의 인연이 다하지 않아서
도로 복된 땅에서 돌아가는 발길을 재촉하네.
數間金刹倚巖邊 迎客鳴鍾一老禪
浮世此生緣未盡 還從福地促歸鞭

---

247) 김재현, 〈양산군수와 함께 불지사를 찾다. 2수(同梁山倅尋佛池寺 二)〉, 『노계집(蘆溪集)』 권2, 「시(詩)」.

248) 견여(肩輿)는 두 사람이 메는 가마이다.

249) 채지연(蔡之沇, 1611-1693)은 조선 후기의 문신으로 자가 제이(濟而)이고 호가 만휴당(晩休堂)이며 본관이 인천이다. 생원시와 문과에 급제하여 1666년 7월-1667년 10월에 양산군수로 재임하였으며, 첨지중추부사(僉知中樞府事)를 지냈다.

이 시는 연도별로 수록된 문집의 시 중 정미년(1667)에 쓴 시 가운데 있으므로 그해에 지은 것이다. 작자가 양산군수 채지연(蔡之沇, 1611-1693)[249]과 함께 불지사에 올라가서 그곳에서 느낀 감회를 담고 있다.

앞의 작품은 가마를 타고 가는 여정이 울퉁불퉁한 바위로 된 길이기 때문에 속도가 더딜 수밖에 없다고 한 뒤, 속세의 번잡한 마음을 씻으려고 뚫린 바위 구멍에 앉아서 황금색 금수가 담긴 못을 굽어보는 시인의 행동을 보여 주고 있다. 불지를 찾아가는 길은 결코 순탄하지 못한 여정이었다. 당시에 불지를 찾아가는 경로는 대체로 대둔사[현재의 노전암 자리에 있던 절]를 지나 눈앞을 가로막는 큰 능선을 곧장 똑바로 올라가는 가파른 길이었으므로 매우 고통스럽고 험난한 과정이었다.

뒤의 작품은 바위 주변에 기대어 선 몇 칸짜리 작은 사찰에 늙은 선승이 종을 울리며 시인을 맞이하는 모습을 제시한 뒤, 다하지 않은 속세와의 인연 때문에 다시 복된 땅에서 티끌세상으로 돌아가는 발길을 재촉할 수밖에 없음을 안타까워하고 있다. 어렵사리 찾아온 불지와 불지암이지만, 속세와의 인연이 다하지 못한 까닭에 금방 세속을 향하여 발걸음을 재촉할 수밖에 없는 아쉬움을 담고 있다.

결국 이 시에서 시인은 불지와 불지사를 티끌세상과 떨어져 있는 별천지이며 복지로 인정하는 태도를 보이고 있다.

2. 오희창吳喜昌의 시 [1709년]

오희창(1656-?)은 조선 후기의 문인으로, 자가 경백慶伯이고 호가 율리자栗里子이며 본관이 보성寶城이다. 1690년 진사시에 합격하였다. 박민효(朴敏孝, 1672-1747)의 『상체헌집常棣軒集』 권1, 「관서록關西錄」에 〈경백 오희창의 시에 차운하다(次吳慶伯喜昌)〉라는 시가 실려 있다. 이것은 아들 봉시鳳時가 쓴 〈가장家狀〉에 언양彦陽에 유배된 권해權瑎를 찾아가서 그의 문인이 된 박민효는 해배解配된 스승을 따라 서울로 가서 동문인 권신경權信經·오희창·송식宋湜·정강중丁康仲 등과 어울렸다는 기록에서 그 교유 관계를 짐작할 수 있다.

〈불지사에서 짓다(題佛池寺)〉 2수[250] [1709년]

신선의 산에 흰 구름이 많은데

학이 깃든 봉우리는 깊어서 보이지 않네.

지팡이 짚고 석양을 뚫고 가노라니

험한 산길[251]이 외줄기 선으로 드리워 있구나.

仙山多白雲 鶴岑深不見
投筇穿夕陽 鳥道垂一線

신선이 내 손을 잡더니
“왜 이리 늦게 오셨소?” 하기에
“인간 세상의 흥취가 미진하여
안개 낀 물가에서 배 타고 낚시했지요.” 하였네.

仙人執我手 謂我來何遲
未盡人間興 釣舟烟水湄

이 두 작품은 1709년(숙종 35)에 오희창이 불지를 유람할 때 지은 것으로 문집에 다른 작품으로 실려 있으나 같은 제목이므로 한꺼번에 모아 놓았다.

---

250) 오희창(吳喜昌), 〈불지사에서 짓다(題佛池寺)〉 〈또(又)〉, 『율리소방(栗里笑方)』 권1, 「시(詩)」.

251) 조도(鳥道)는 새들이나 지나다닐 정도의 험준한 산길을 뜻한다. 이백(李白)의 〈촉도난(蜀道難)〉 시에 “서쪽으로 태백성(太白星)을 바라보니 조도(鳥道)가 있다.” 하였다.

앞의 작품은 앞부분에서 신선이 사는 산이기에 분명히 학이 둥지를 친 봉우리가 있으련만 구름이 깊어서 보이지 않음을 이야기하고 있다. 신선과 학의 관련성은 요동遼東 지방에 전해지는 정령위丁令威 설화와 관련이 있다. 동진東晉의 도연명(陶淵明, 365-427)이 지은 것으로 전하는 『수신후기搜神後記』에 다음 설화가 실려 있다.

> 정령위는 본래 요동 사람으로 영허산靈虛山에서 도를 배웠다. 후에 학으로 변하여 요동으로 돌아가 성문의 화표주華表柱에 앉았다. 그때 소년이 활을 들고 쏘려고 하자 학은 공중으로 날아가서 배회하면서 말하기를 "새는, 새는 정령위라고 한다. 집을 떠난 지 천년 만에 이제 비로소 돌아왔네. 성곽은 옛날 그대로인데 사람들은 그 사람이 아니구나. 어찌하여 신선술을 배우지 않아 무덤이 즐비한가?" 하고는 마침내 높이 올라가 하늘로 날아가 버렸다.[252)]

252) "丁令威 本遼東人 學道於靈虛山 後化鶴歸遼 集城門華表柱 時有少年舉弓欲射之 鶴乃飛 徘徊空中而言曰 有鳥有鳥丁令威 去家千年今始歸 城郭如故人民非 何不學仙塚累累 遂高上冲天"(『搜神後記』 권1): 이 자료는 袁珂, 『中國神話大詞典』(北京: 華夏出版社, 2015) 88면에서 재인용한 것이다. 여기에는 "생각건대 정령위가 학이 되었다는 일은 당·송의 문인들이 늘 사용하여 지금까지 전승되고 있다(按丁令威化鶴事 唐宋詞人常用之 承傳至今)."는 촌평이 달려 있다.

김홍도金弘度의 〈비학도飛鶴圖〉
출전: 『한국의 미』21, 『단원 김홍도』(중앙일보사, 1985)

이 이야기는 우리나라에 일찍이 도입되어 신선과 관련된 이야기를 할 때 으레 끌어오는 설화이다. 이 시에서도 시인은 이 설화를 끌어와서 깊은 구름 때문에 마땅히 학이 깃들어 있어야 할 봉우리가 보이지 않는다고 하고 있다.

화표주는 중국의 전통 표지성(標誌性, iconicness) 기둥 모양의 건축으로, 궁전이나 능묘 밖 도로 양쪽에 세운 구조물이다. 우리나라에서는 주로 무덤 앞의 양쪽에 세우는 한 쌍의 돌기둥인 망주석望柱石을 가리키거나 그렇게 생긴 자연석을 가리키기도 하지만 자연 속에 우뚝한 바위를 가리키기도 하였다. 즉 강원도 정선군 화암면에 있는 화암팔경花巖八景 중의 제5경 '화표주'는 기둥 모양의 거대한 자연석이며, 화표주를 제재로 한 겸재 정선(鄭敾, 1676-1759)의 '화표주'는 독립된 바위기둥에 앉은 한 마리의 학을 주 제재로 한 그림이다. 제목이 화표주이고 거기에 큰 바위기둥과 학이 그려진 것으로 보아 이것은 정령위의 설화를 염두에 두고 있었음을 알 수 있다. 또 이런 현상은 한국화의 대가인 단원檀園 김홍도(金弘道, 1745-1806 이후)의 높은 바위 언덕 위 숲에서 날아오른 학을 그린 〈비학도飛鶴圖〉에도 "화표주 꼭대기에서 말을 남기고 난 뒤에는, 다시 소식이 없이 오늘 아침에 이르렀구나(華表柱頭留語後 更無消息到今朝)."라는 화제畵題가 있는 것으로 보아 이 그림도 정령위의 화학化鶴 설화를 염두에 두고 그렸음을 확인할 수 있다.

이 시의 뒷부분에서는 지팡이를 짚고 불지를 찾아가는 석양길에 높은 산줄기가 가로놓여 있는데, 험한 산길이 외줄기 선으로 드리워 있음을 지적하고 있다. 이 서술은 오희창이 지은 〈불지기佛池記〉의 다음 대목을 참고할 때 시의 내용이 결코 사실을 과장하지 않았음을 알 수 있다.

> 이에 짧은 지팡이를 짚고 남쪽으로 절 문 밖 5백 걸음을 가니 시내였다. 시내의 남쪽으로 한 걸음도 안 되는 곳에 산이 높이 서 있어서 제대로 볼 수 없는데, 땅에 새끼줄이 드리워

진 한 줄기 길이 있었다. ……(중략)…… 맨 뒤편에 있는 몇 사람은 모두 매달려 끌어당기면서 올라갔다. 꼭대기에 올라가니 절이 내 다리 아래에 있지만 사실은 5리쯤 멀리 떨어진 곳이었다.[253)]

뒤의 작품은 원적산의 신선과 시인이 나눈 대화를 보여 주고 있다. 시인의 손을 잡은 신선이 왜 이리 늦게 왔느냐고 묻자, 시인은 인간 세상의 홍취가 미진하여 안개 낀 물가에서 배를 타고 낚시하느라고 늦었다고 답하는 내용이다. 시인은 여전히 세속에 미련이 남아서 산속에 들어와서 이 선경 속에서 생활하지 못하는 처지에 있음을 보여 준다. 이것을 역으로 해석하면, 원적산 불지 일대가 선경이라고 할 만한 별세계임을 천명한 것이다.

〈불지사에서 짓다(題佛池寺)〉[254)]

남쪽으로 와서 2년 동안 양산 고을[255)]에서 노닐다가[256)]

또 봄바람을 기다려 불법[佛法]의 다락에 오르네.

---

253) 오희창(吳喜昌), 〈불지기(佛池記)〉, 『율리소방(栗里笑方)』 권3, 「문(文)」.

254) 오희창(吳喜昌), 〈불지사에서 짓다(題佛池寺)〉, 『율리소방(栗里笑方)』 권2, 「시(詩)」.

255) 양주(梁州)는 양산(梁山)의 옛 이름이다.

256) 오희창(吳喜昌)은 〈동래 정원루에서 수창한 시의 서문(東萊靖遠樓酬唱詩序)〉『율리소방(栗里笑方)』 권3, 「문(文)」에서 기축년(1709)에 동래에 왔다고 하였다.

기운 햇살에 승려가 떠나니 지는 그림자가 구르고
깊은 대숲에 새가 우니 저물녘 소리가 그윽하네.
마음은 바위 구멍의 황금빛 꽃이 어리는 물에 맑아지고
귀는 이내 낀 벼랑의 은빛 폭포 줄기에 깨끗하네.
슬프게도 신선을 볼 수 없으니
머리 돌려 한바탕 웃으며 덧없이 머뭇거리네.

南來二載遊梁州 又待春風登法樓
僧去斜陽落影轉 鳥鳴深竹暮聲幽
心淸石竇金花水 耳淨雲崖銀瀑流
惆悵仙人不可見 回頭一笑空夷猶

이 시는 경기도 금천[257]에 거주하던 시인이 남쪽의 양산 땅에 와서 머물다가 이듬해 봄에 바람을 맞으며 불지사에 오른 사실을 바탕으로 그 감회를 표현하고 있다. 저녁 햇살속에 승려가 떠나가니 지는 그림자가 구르고, 깊은 대나무 숲에서 새가 우니 저물녘 소리가 그윽하다고 하여 봄날의 저녁 어름에 만나는 불지의 모습을 담아내고 있다. 마음은 불지의 바위 구멍 속의 물속에

257) 금천(衿川)은 현재 서울특별시 구로구 시흥동 지역이다.

어리는 황금꽃에서 맑아지고, 귀는 이내 낀 벼랑에서 떨어지는 은빛 폭포 줄기에 깨끗해진다고 하여 불지 물의 아름다움과 벼랑에서 떨어지는 폭포수의 정갈함을 표현하고 있다. 마지막에서는 중당中唐 시인 유우석(劉禹錫, 772-842)의 〈누실명陋室銘〉[258]의 표현처럼 영험한 산이라면 마땅히 신선이 있어야 할 터인데 불지가 있는 원적산은 그렇지 못하다고 하면서 한바탕 웃음을 웃으며 머뭇거리는 시인의 모습을 보여주고 있다.

258) 유우석(劉禹錫)의 〈누실명(陋室銘)〉 전문은 다음과 같다.

산은 유명함이 높이에 있는 게 아니라 신선이 살면 유명하고, 물은 신령함이 깊이에 있는 게 아니라 용이 살면 신령스럽다. 여기 이 방은 누추하지만 오직 나의 덕은 향기롭다. 이끼는 섬돌에 올라 푸르고 풀빛은 주렴에 들어와 푸르다. 큰선비와 담소를 나누고 천박한 자와는 교제하지 않으니 거문고를 연주하고 금경(金經)을 읽을 만하다. 악기가 귀를 어지럽히는 시끄러움이 없고 관청의 서류를 읽는 고역도 없으니 남양 땅 제갈량의 초가집이요 서촉 땅 양자운의 정자로다. 공자께서는 '무슨 누추함이 있겠는가?' 하였도다(山不在高 有仙則名 水不在深 有龍則靈 斯是陋室 惟吾德馨 苔痕上階綠 談笑有鴻儒 往來無白丁 可以調素琴閱金經 無絲竹之亂耳 無案牘之勞形 南陽諸葛廬 西蜀子雲亭 孔子云何陋之有).

3. 권이진權以鎭의 시 [1710년 9월]

권이진(1668-1734)은 우암尤庵 송시열宋時烈의 외손으로, 자가 자정子定이고 호가 유회당有懷堂이며 본관이 안동이다. 1693년(숙종 19) 식년시에서 생원이 되고 이듬해 별시문과에 병과로 급제하여 율봉역栗峰驛·김천역金泉驛의 찰방을 지내고 1695년 함평현령·전라도 도사·정언·홍문관수찬을 거쳐서 1709년에서 1711년까지 동래부사를 지냈다. 1721년(경종 1) 좌의정 이광좌李光佐의 천거로 승지가 되고, 이듬해에는 사은부사로 청나라에 다녀왔다. 1728년(영조 4)에는 이인좌李麟佐의 난을 수습한 공으로 원종공신 1등에 녹훈되었으며 호조판서·공조판서를 지내고 1733년에는 평안도관찰사를 지냈다. 글씨에도 능했으며 문집 『유회당집』이 전한다. 시호는 공민恭敏이다.

가족이 대대로 서울에 살면서 경기도 양주 및 광주 일대에 분묘를 조성하였으나 1627년(인조 5) 조부 탄옹炭翁 권시(權諰, 1604-1672)가 충청도 예산의 탄방炭防에 복거하면서 호서사림에 편입되고, 1707년(숙종 33)에는 그가 다시 탄방에서 20리 떨어진 무수동無愁洞으로 솔가하여 이주하였다.

앞 장에서 살펴본 바와 같이 그는 오희창吳喜昌의 문집 『율리소방栗里笑方』에 서문을 썼으며, 1711년 4월 말에 동래부사의 임기를 마치고 돌아가는 길에 경주의 손덕승孫德升과 많은 시를 주고받았다.

〈축서산과 원적산 두 산에 가서 퇴계의 운을 써서 본 바를 기록하다(遊鷲栖圓寂二山 用退溪韻 記所見)〉[259]

[1710년 9월]

〈가〉: 명산은 본디 안개와 노을[260] 밖에 있으니
나는 몸을 문서 속에서 빼내기 어렵네.
늦가을 9월에 나뭇잎이 떨어지니
봉우리는 삐죽 솟아 가장 웅장하게 되네.
또 들으니 가장 오래된 통도사에는
탑에 부처님 뼈를 간직하여 끝없이 전해진다네.
느긋하게 맑은 흥취를 주체하지 못하여
한 필 말을 타고 바람 부는 무지개다리로 가네.

---

259) 권이진(權以鎭), 〈축서산과 원적산 두 산에 가서 퇴계의 운을 써서 본 바를 기록하다(遊鷲栖圓寂二山 用退溪韻 記所見)〉, 『유회당집(有懷堂集)』 권1, 「시(詩)」.

260) 연하(煙霞)는 안개와 노을로, 고요한 산수의 경치를 비유한다.

다리는 기이하고 물은 너럭바위에 쏟아지니

이미 속세의 인연은 부질없이[261] 되었음을 깨닫네.

해를 가리는 소나무[262] 숲에는 한 길이 뚫려 있고

하늘에 우뚝한 절[263]이 허공에 솟아 있네.

마침내 박쥐와 더불어 황혼에 나아가서

푸른 등불 속에 나누는 스님과의 대화에 옛 뜻이 넘치네.

정자丁字 모양의 집[264]은 하나같이 얼마나 참람한가?

철 기와와 붉은 동자기둥이 왕궁처럼 사치하네.

부처가 용천[265]의 보호를 받도록 하였다면

어찌하여 전쟁의 화마 속에 사흘이나 불탔겠는가?

난리 이래로 치아와 뼈를 아직 보전하지 못하고 있거늘

어떤 사람이 참으로 어리석게도 복을 비는가?

---

261) 영통(苓通)은 말똥과 돼지똥으로 지저분하고 더러움을 뜻한다. 송(宋) 왕안석(王安石)의 〈소모산을 오르다(登小茅山)〉 시에 "인간의 영예와 바람은 모두 더러움이 되는구나(物外眞游來几席 人間榮願付苓通)." 라는 대목이 있다.

262) 창관(蒼官)은 송백(松柏)의 별칭(別稱)이다. 진시황(秦始皇)이 태산(泰山)에 봉선(封禪)하고 내려오는 길에 폭풍우를 만나 소나무 아래에서 비를 피하고는 그 다섯 그루의 소나무를 오대부송(五大夫松)에 봉한 데서 유래한다.

263) 금벽(金碧)은 노란빛과 푸른빛으로, 단청한 사찰을 비유한다.

264) 정자각(丁字閣)은 왕릉이나 사찰에 제사를 지내기 위하여 봉분 앞에 '정(丁)' 자 모양으로 지은 집이다.

265) 용천(龍天)은 불법을 수호하는 여덟 신인 팔부중(八部衆) 가운데 위력이 가장 뛰어난 용중(龍衆)과 천중(天衆)을 아울러 부르는 말이다.

홀로 고승이 거주하는 백련암[266]을 찾아서

속세의 낮은 모퉁이에 있는 내 몸을 슬퍼하네.

〈나〉: 돌아오는 길에 원적산이 눈에 들어오는데

삼나무와 넝쿨, 돌벼랑이 어디나 마찬가지네.

옛 절에서 밥 먹고 낮잠 잔 뒤에[267] 불지에 오르니

조화造化가 황홀하여 시종일관 아득하기만 하네.

물이 가득한 벼랑 집[268]에 지게문 하나를 뚫고

가운데는 신령한 공력을 쏟아 금가루를 깔아 놓았네.

또 햇살 은빛으로 빛나는 진흙이 있으니

광채가 번쩍여서 눈이 몽롱해지네.

저물 때까지 놀라고 감탄하다 외딴 암자에서 묵으니

콸콸 울리는 폭포 소리가 문 동쪽에 걸려 있네.

---

266) 백련암(白蓮菴)은 통도사 경내에 있는 암자로 백련정사(白蓮精舍)라고도 한다.

267) 탄반(攤飯)은 식후에 자리를 펴는 것으로, 낮잠을 뜻한다. 송(宋)나라 육유(陸游)가 지은 〈늦은 봄 마을의 거처에서 잡다한 것을 읊다(春晩村居雜賦)〉의 제5·6구 "항아리에서 거품이 뜬 술을 가득 채워 글에 물을 대고, 침상에서 나비 꿈을 꾸며 비스듬히 자려고 식후에 자리를 펴네(澆書滿挹浮蛆瓮 攤飯橫眠夢蝶牀)."라는 대목에 스스로 주를 달아 "동파 선생은 새벽에 술을 마시는 것을 요서(澆書)라 하였고, 이황문은 낮잠을 탄반(攤飯)이라고 하였다(東坡先生謂晨飮爲澆書 李黃門謂午睡爲攤飯)."라고 한 데서 유래한다.

268) 엄방(广房)은 벼랑에 붙여 지은 건축물이다.

名山自在煙霞外 我身難抽簿領中
杪穐九月木葉落 峯巒突出作長雄
又聞通度寺最古 塔藏佛骨傳無窮
悠然淸興不可禦 一騎遠趁虹橋風
橋奇水䟝石盤陀 已覺塵緣付苓通
蔽日蒼官一逕穿 穹崇金碧出半空
遂與蝙蝠競黃昏 靑燈僧話古意融
閣成丁字一何僭 鐵瓦丹梲侈王宮
佛若能令龍天護 如何兵火三日紅
亂來齒骨尙不保 祈福何人眞愚冲
白蓮獨尋高僧居 塵界卑陬悲我躬
歸路圓寂入望中 杉蘿石壁處處同
攤飯古寺登佛池 造化怳惚迷始終
广房盛水穿一戶 中布金屑費神功
更有銀泥仍暎日 允彩閃爍眼朦朧
駭嘆至暮孤庵宿 瀑布淙淙掛門東

이 시에는 제법 긴 서序가 붙어 있어서 작시作詩의 계기를 설명해 준다.

옛날 신재 주세붕[269]이 풍기군수가 되어 소백산에서 노닐며 창려[270]의 시 〈여악廬嶽〉[271] 운을 사용하였다.[272] 퇴계退溪 선생이 이어서 그 고을 수령이 되어 또 이 산에 노닐며 그 시에 차운하였다.[273] 양산의 축서산[274]과 원적산은 또한 영남의 한 빼어난 곳인데, 내가 동래부에 있은 지 2년 남짓이다. 이 산과의 거리가 2사[275]만큼 떨어져 있는데, 변방의 신하가 감히 제멋대로 경계를 떠날 수 없고 또 고통스러운 장부에서 몸을 빼기 어려웠다. 금년 9월 말에 마침 일이 없고 또 끝내 이 명산을 저버릴까 두려워서 한 번 말을 타고 두서너 사람과 가서 노닐며 퇴계의 운을 써서 시를 지었다.[276]

269) 주세붕(周世鵬, 1495-1554)은 조선 중종·명종 때의 문신으로, 자가 경유(景游)이고 호가 신재(愼齋)·손옹(巽翁)·남고(南皐)이다. 풍기군수(豐基郡守)로 있을 때 우리나라 최초의 서원인 백운동서원(白雲洞書院)을 세웠다. 저서로 『무릉잡고(武陵雜稿)』가 전한다.

270) 창려(昌黎)는 창려백(昌黎伯)에 봉해진 당(唐)나라 문장가 한유(韓愈)의 호(號)이다.

271) '여악(廬嶽)' 은 '형악(衡嶽)' 의 오기(誤記)이다.

272) 주세붕은 소백산을 여행하면서 〈소백산에서 비에 막혀 한창려의 '형악을 배알하다' 시에 차운하다(小白山阻雨 次韓昌黎謁衡岳詩韻)〉라는 시를 지었다.

273) 퇴계가 주세붕의 시에 차운한 시는 〈군의 서재에서 소백산 유람을 생각하면서 경유의 '창려의 형악 시의 운자를 사용하다' 시에 뒤늦게 차운하다(郡齋有懷小白之遊° 追次景遊用昌黎衡岳詩韻)〉이다.

274) 축서산(鷲捿山)은 통도사가 있는 영축산(靈鷲山)의 이명(異名)이다.

275) 사(舍)는 옛날 중국의 이수(里數)로 군대가 하루 동안 행진할 수 있는 거리, 곧 30리를 뜻한다.

서序에서 보듯이 이 시는 축서산(영축산)과 원적산(천성산)이라는 두 명산의 두 명소, 곧 축서산의 통도사와 원적산의 불지에 초점을 맞추고 있다. 곧 이 시의 〈가〉는 전자를 대상으로 하고 〈나〉는 후자를 대상으로 한 것이다.

〈가〉는 영축산 통도사를 여행한 데 대한 감상을 나타낸 부분으로, 부처님의 진신사리를 봉안한 금강계단과 사찰 입구의 무풍한송舞風寒松 길, 우뚝 솟은 웅장한 절을 소개한 뒤에 유학자의 시각에서 정자丁字 모양의 집이 참람하다는 생각을 드러내고 있을 뿐 아니라 부처가 용천龍天에게 사찰을 수호하라고 하였다면 전쟁의 화마 속에 불타지 않았을 것이라는 점을 강조하고 있다. 전쟁 이후에 아직 부처의 치아와 뼈를 보전하지 못하는 상황인데 어리석게도 복을 비는 사람을 보고 한심하다는 생각을 금치 못하고 있다. 이를 통하여 불교를 바라보는 당시 유학자의 부정적 시각을 엿볼 수 있다.

〈나〉는 통도사에서 돌아오는 길에 들른 원적산과 불지에 대한 감상을 드러낸 부분으로, 대둔사[현재의 노전암 자리에 있던 절]에서 낮잠을 잔 뒤 남쪽의 험준한 능선을 넘어 찾아간 불지는 조화가 황홀하다고 하였다. 불지의 모습은 물이 가득한 벼랑 집에 지게문 하나가 뚫려 있으며 그 가운데는 금가루가 깔려 있었다. 햇볕을 받아 은빛으로 빛나는 진흙은 광채가 번쩍여서 눈이 몽롱해질 지경이었다. 이런 멋들어진 광경에 감탄하며 해질 때까지 그 풍광을 감상하다가 그 옆의 외딴 암자 곧 적조암에 묵으니 그곳에는 콸콸 울리는 폭포 소리가 문 동쪽에서 들려온다고 하였다. 이로 보아 적조암은 성불암 아래쪽의 계곡 부근에 자리하고 있었음을 짐작할 수 있다.

〈불지를 보고 적조암에 묵다. 지금 나이 여든 살 노승이 밤새도록 꼿꼿이 앉아 염불하는 것이 또한 이상한 일이어서 시로 기록하다(觀佛池 宿寂照菴 有老僧季今八十 達夜危坐念佛 亦異事 詩以記之)〉[277] [1710년 9월]

외로운 사찰을 지팡이 하나 짚고 멀리서 느지막이 찾으니
골짜기에 반쯤 구름이 개고 달이 뜨는 때로구나.
여든 살 노승이 밤이 깊은 뒤인데도
"나무아미타불." 하는 소리 속에 꼿꼿이 앉아 있네.

276) "昔周愼齋世鵬爲豐基倅 遊小白山 用昌黎廬嶽韻以記之 退溪先生繼守其邑 又遊是山 仍次其韻 梁山之鷲棲及圓寂山 亦嶺外之一勝境 余在萊府二季餘矣 距玆山二舍而遠 邊臣不敢擅離界 亦苦簿領難抽身 今九月末適無事 且恐終負此名山 以一騎數三人往遊 仍用退溪韻."

277) 권이진(權以鎭), 〈불지를 보고 적조암에 묵다. 지금 나이 여든 살 노승이 밤새도록 꼿꼿이 앉아 염불하는 것이 또한 이상한 일이어서 시로 기록하다(觀佛池 宿寂照菴 有老僧季今八十 達夜危坐念佛 亦異事 詩以記之)〉, 『유회당집(有懷堂集)』 권1, 「시(詩)」.

遠尋孤磬一笻遲 半壑晴雲月上時
八十老僧深夜後 南無聲裏坐能危

이 시는 불지를 감상한 뒤에 찾아가서 묵은 적조암의 모습을 그려내고 있다. 외로운 사찰을 저물 무렵에 지팡이 짚고 찾아가니 골짜기에는 반쯤 구름이 개고 달이 뜨고 있다고 했다. 시인은 여든 살 노승이 밤새도록 꼿꼿이 앉아서 염불하는 그 진지하고 엄숙한 모습에 감탄을 금치 못하고 있다.

4. 손덕승孫德升의 시 [1711년]

손덕승(1659-1725)은 조선 후기의 문신으로, 자가 현수玄叟이고 호가 매호梅湖이며 본관이 경주이다. 1684년(숙종 10) 식년시에서 병과 3등으로 급제하여 병조좌랑을 지냈으며, 김천도역승金泉道驛丞으로 재임할 때의 치적으로 선정비가 세워졌다. 사헌부지평에 임명되었으나 경주로 낙향하여 학문에 몰두하였고, 1724년(경종 4)에 성균관직강에 제수되었으나 나아가지 않았으며, 필선弼善에 증직되었다. 문집 『매호집梅湖集』이 전한다.

〈양산군수 한택지[278], 황산승[279] 여천경[280]과 함께 불지 골짜기 어귀에서 노닐다(同梁山倅韓澤之黃山丞呂天卿 遊佛池洞口)〉[281] [1711년]

---

278) 택지(澤之)는 한옥(韓垩, 1649-1718)의 자이다. 그는 인천에 거주하면서 1677년(숙종 3) 증광시에서 생원이 되고 1687년 식년시에서 문과에 급제하였으며 1711년

좁은 언덕의 꽃 수풀은 붉은 비단을 펼치는데
시내를 따라 10리를 가니 길이 기울어 비스듬하네.
이 가운데 문득 속된 맛이 없음을 깨닫지만
불국토의 신선 집에서 어찌 금빛 물고기를 기르는가?

狹岸花林展絳紗 沿溪十里路欹斜
此中忽覺無塵味 金魚何養佛仙家

이 시는 경주에 거주하는 손덕승이 1711년에 양산군수 한옥(1649-1718), 황산승 여명거(1666-1719)와 함께 천성산에 들렀다가 불지 골짜기 입구에서 노닐며 쓴 것이다.

부터 1714년까지 양산군수로 재임하였다. 예조 전객시에서 작성한 기록에 "숙종 37년(1711, 신묘) 5월 경상감사가 장계를 올려 전라도 순천 출신 표류민을 호송해 온 차왜(差倭) 귤춘리(橘春利)의 향접위관(鄕接慰官)에 양산군수 한옥을 차정(差定)하였음을 보고하다."라는 대목이 있다.

279) 황산승(黃山丞)은 현재의 경남 양산시 물금읍에 있던 역(驛)의 책임자이다.

280) 천경(天卿)은 여명거(呂命擧, 1666-1719)의 자이다. 호가 역은와(亦恩窩)이고 본관이 성산(星山)이다. 경상도 성주에 거주하면서 1690년(숙종 16)에 진사가 되고, 1702년 식년시 문과에서 병과로 급제하여 황산승(黃山丞)·예조좌랑·음성현감 등을 지냈다.

281) 손덕승(孫德升), 〈양산군수 한택지, 황산승 여천경과 함께 불지 골짜기 어귀에서 노닐다(同梁山倅韓澤之 黃山丞呂天卿 遊佛池洞口)〉, 『매호집(梅湖集)』 권1, 「시(詩)」.

작품 끝에 "고을 북쪽 삼십 리 절벽 아래에 불지가 있는데, 돌문이 천연으로 생겨서 사람이 출입할 수 있다. 그 가운데 깊이가 두 자쯤 되는 물이 있고 문까지는 한 자가 되지 않는다. 놀며 헤엄치는 작은 물고기 서너 마리가 있다."[282]라고 한 주석이 붙어 있어서, 불지에 대한 몇 가지 정보를 제공해 준다. 곧 절벽 아래에 있는 불지에는 천연으로 만들어진 돌문이 있어서 사람의 출입이 가능하며, 못 가운데 부분은 물 깊이가 두 자가량이고 굴과 돌문 사이가 한 자도 되지 않는데 그 속에는 작은 물고기 서너 마리가 놀고 있다는 것이다.

시의 전반부에서는 좁은 언덕에 꽃 숲이 붉은 비단을 펼친 듯하고, 시내를 따라 십 리를 가니 길은 비스듬하다고 하여, 봄철의 산꽃이 울긋불긋 비단 숲을 이룬 듯 아름다운 산등성이를 보면서 십 리쯤 되는 구불구불한 시내 길을 따라가는 시인의 모습을 보여 주고 있다. 후반부에서는 이런 선경 속에서는 문득 속세의 맛이 없음을 깨닫는데, 왜 이런 곳에서 물고기를 기르는지 의아한 느낌이 든다는 생각을 담고 있다. 불지는 높디높은 바위산의 8부 능선쯤에 자리 잡고 있기 때문에 그곳에 자생하는 물고기가 없는 게 분명함에도 불구하고 어찌하여 이곳에 물고기를 기르는

282) "州北三十里絕壁下 有佛池 石扃天成 容人出入 其中有水 深可二尺 不及扃限一尺 黃金色浮水 有小魚三四游泳"(위와 같음).

지 그 이유가 궁금할 수밖에 없다. 이러한 생각은 앞에서 살펴본 유의건柳宜健의 〈불지설佛池說〉에서 불지에 물고기가 있는 데 대해 의문을 표시한 것과 같은 범주의 궁금증이라 할 것이다.

〈불지佛池〉[283] [1711년]

딱딱한 바위의 한 구멍이 신비하고 영험한데
청명한 기운이 천 년 동안 맑음을 빚네.
물구멍이 산에서 열리니 약수를 뜰 수 있고
구리 소반[284]이 새벽에 싸늘하니 이슬이 막 가득 차네.
황금빛 모래와 밝은 햇살이 뜰 안에 깔리면
수은[285]과 단사[286]가 솥에서 이루어지네.
나는 그것을 마셔서 불사신不死身이 되고 싶은데
선가禪家[287]에서는 불지라고 부르는구나.

---

283) 손덕승(孫德升), 〈불지(佛池)〉, 위와 같음.

284) 동반(銅盤)은 이슬을 받기 위해 구리로 만든 소반이다. 한 무제(漢武帝)가 신선술에 미혹되어 감로를 받아 마셔 수명을 연장시키고자 하여, 건장궁(建章宮)에 신명대(神明臺)를 세우고 동으로 선인장(仙人掌) 모양을 만들어 세워 구리로 만든 소반을 떠받치고서 감로를 받게 하였다.

285) 차녀(姹女)는 도가(道家)에서 불로장생을 위하여 연단(煉丹)할 때 쓰는 수은(水銀)의 별칭이다.

286) 단사(丹砂)는 연단(鍊丹)을 해서 단약(丹藥)을 만들어 내는 광물의 이름이다.

287) 선가(禪家)는 참선하는 사람 또는 참선하는 집을 뜻하는 말이다.

頑巖一竅秘神靈 灝氣千年釀得淸

水穴山開漿可斞 銅盤曉冷露初盈

金沙白日園中布 姹女丹砂鼎裏成

我欲飮之要不死 禪家喚做佛池名

이 시는 불지를 대상으로 하고 있다. 우선 딱딱한 바위에 생겨난 한 구멍이 신비하고 영험한데 청명한 기운이 수천 년 동안 맑음을 빚는다고 한 다음, 산에 열린 물구멍에서 약수를 뜰 수 있고 새벽에 싸늘한 구리 소반에 이슬이 가득해진다는 현상을 지적하고 있다. 또 황금빛 모래와 밝은 햇살이 뜰 안에 깔리면 수은과 단사丹砂로 빚은 단약이 이루어지므로, 시인은 그것을 먹고 불사신이 되기를 바라는 마음을 드러내고 있는데, 그 까닭을 참선하는 사람들이 불지라고 부르는 데서 찾고 있다.

5. 이만부李萬敷의 시 [1727년 겨울]

이만부(1664-1732)는 상주尙州 출신의 학자로, 자가 중서仲舒이고 호가 식산息山이며 본관이 연안延安이다. 예조참판 옥沃의 아들로 1729년(영조 5)에 효성과 학행으로 천거되어 장릉참봉·빙고별제 등에 임명되었으나 모두 사퇴하였다. 이황李滉을 정주학程朱學의 적통으로 인정하고 주렴계周濂溪·정명도程明道·정이천程伊川·장횡거張橫渠·주자朱子 등 5현을 존경하였다. 문집 『식산집息山集』이 전한다.

이만부는 1727년 겨울에 울산의 반구대와 태화강, 남옥목장南玉牧場[288], 동축사東竺寺[289]를 거쳐 양산의 통도사와 옥련암玉蓮庵, 대둔

288) 남옥목장(南玉牧場)은 현재의 울산시 동구 일대 걸쳐 있던 목장으로, 왕실과 군대에 필요한 말을 사육하였으며, 남목(南牧)이라고도 한다. 여기에는 목장 관리관인 감목관(監牧官)의 근무지인 목아(牧衙)와 말을 위한 기도 사찰인 월봉사(月峯寺) 등이 있었다.

289) 동축사(東竺寺)는 울산광역시 동구 동부동 마골산에 있는 사찰이다. 『삼국유사(三國遺事)』 〈황룡사장육조(皇龍寺丈六條)〉에 따르면 이 절은 573년(신라 진흥왕 34)

사를 거쳐 불지에 들른 다음, 다시 울산으로 되돌아가는 경로로 울산과 양산 지방을 유람하였다. 이 여정은 “정미년(1727) 겨울에 동해 바닷가에 머물면서 처음에는 반구대를 방문하고, 두 번째는 동축사를 방문하여 일출을 기다리며, 세 번째는 통도사를 방문하고 나서 금수金水를 엿보고 다시 운흥사에 가서 산과 바다의 구경을 지극히 하였다. 읊고 기술하고 기록한 여러 글을 모으니 기문이 1편이고 잡다한 시가 20수였다. 식산 노인이 쓰다.”[290] 라는 기록에서 확인할 수 있다.

〈금수굴金水窟〉[291] [1727년 겨울]

까마득한 봉우리를 하늘에 매달려 올라가서

그윽한 구역을 제멋대로 찾아가네.

인도의 아육왕(阿育王)이 보낸 불상과 보살상 모형을 모시기 위해 진흥왕(眞興王)의 명령으로 창건되었다. 인도를 뜻하는 ‘서축(西竺)’ 에 대하여 ‘동축’ 은 ‘동쪽에 있는 부처의 나라’ 를 가리킨다. 929년(신라 경순왕 3)에 중창하고 고려 정종(靖宗, 1035-1046) 대에 옥인(玉仁)이 중건하였으며, 1664년과 1684년의 중수를 거쳐 1834년 가선기공(嘉善琪公)이 중수하였다. 『범우고(梵宇攷)』(1799년)와 『가람고(伽藍考)』에 현존 사찰로 등장한다. 1931년 완성(翫性)이 중수하고 1975년에는 도암(道庵)이 정주영(鄭周永)의 시주로 다시 중수하였다.

290) “丁未冬 滯東海上 初訪盤龜 再訪東竺 候日出 三訪通度 窺金水 轉遊雲興 極山海之觀 收拾賦述錄諸篇 記文一 雜詩二十 息山老人書”(李萬敷, 〈轉訪雲興寺〉, 『息山集』 『別集』 권3, 「地行錄」9).

291) 이만부(李萬敷), 〈금수굴(金水窟)〉, 『식산집(息山集)』 『별집(別集)』 권3, 「지행록(地行錄)」9.

문득 서 있는 옥 덩이에 기댈 수 있거늘
어찌하면 물에 뜬 황금을 엿볼 수 있는가?
안개를 마시노라니 숨은 용이 일어나고
바위에 걸터앉으니 엎드린 귀신이 근심하네.
내 몸이 얼마나 높은 곳에 있기에
나막신 바닥에 얼어붙은 구름이 흘러가는가?

絶巘攀天上 幽區恣意搜
忽能憑玉立 何有窺金浮
喝霧深龍起 跨巖伏鬼愁
吾身高幾許 屐底凍雲流

이 시는 한겨울에 찾아간 불지(금수굴)의 기이한 경관과 황량한 분위기를 그린 작품이다. 수련은 대둔사에서 바라보면 까마득한 봉우리를 하늘에 오르듯 매달려 올라가서 그윽한 곳을 마음대로 찾아가는 시인의 모습을 보여 주고 있다. 함련과 경련은 불지 주변의 깎아지른 듯한 옥 덩이 곧 높다란 바위에 기댈 수 있을 뿐 아니라 황금빛 금수를 보게 된 것을 기뻐하는 마음을 드러낸 뒤, 자신이 자욱한 안개 속에 있으니 골짜기에 숨은 용이 일어나는 듯하고 바위에 걸터앉으니 골짜기에 잠복해 있던 귀신이 근심에 빠진다고 하여, 스산한 겨울 산의 분위기를 보여 주고 있다.

이런 정황을 바탕으로 미련에서는, 자기가 얼마나 높은 곳에 와서 자연의 변화를 관찰하는지를 발바닥 아래로 흘러가는 얼어붙은 구름을 보고서 실감하게 됨을 토로하고 있다. 겨울에 찾아간 불지(금수굴)의 신비로우면서도 음산한 모습을 본 시인의 스산한 마음이 잘 드러나고 있다.

6. 유의건柳宜健의 시

유의건(1687-1760)은 경주 내남면 화곡리 출신의 선비이다. 인물에 대한 사항은 3부 '3. 유의건柳宜健, 〈불지설佛池說〉'을 참조하면 된다.

〈불지에서 출발하여 대둔사에 이르다. 구호[292](自佛池至大芚 口號)〉[293]

누가 큰 도끼로 층진 산을 깎아서
영롱한 골짜기를 면면이 둘렀는가?
위태로운 비탈을 밟을 때는 두 다리가 떨리고
높은 바위를 올라간 곳은 두 눈동자가 넓어지네.

292) 구호(口號)는 즉석에서 시를 지어 읊는 것으로, 구점(口占)과 같은 뜻이다.

293) 유의건(柳宜健), 〈불지에서 출발하여 대둔사에 이르다. 구호(自佛池至大芚 口號)〉, 『화계집(花溪集)』 권4, 「시(詩)」.

구름 속에 문이 아득하니 하늘 세계로 통하는데
돌 사이로 돌아드니 인간 세상과 멀어지네.
사흘 동안 산중에서 속된 생각이 끊어져서
승려를 만나 이야기하느라 돌아갈 줄 모르네.

誰將巨斧斲層巒 洞壑玲瓏面面環
危磴踏時雙脚戰 巉巖登處兩眸寬
雲扃縹緲通天界 石間縈廻隔世寰
三日山中塵想絶 逢僧打話不知還

이 시는 불지를 출발하여 대둔사로 가는 길에 지은 구호로서, 기이한 경관과 험한 길을 지나가면서 느낀 심회를 드러내고 있다. 수련에서 기이하기 그지없는 층진 산의 모습을 개관한 뒤, 함련에서는 위태로운 비탈을 밟을 때의 두려움과 높은 바위에 오른 뒤 탁 트인 경관에서 오는 상쾌한 느낌을 담아내고 있다. 경련에서 아득한 구름 속의 문은 하늘 세계로 통하는 듯하고 돌 사잇길을 돌아드니 인간 세상과 절연된 듯한 느낌이 듦을 표현한 뒤, 미련에서 산속에 들어와 머문 사흘 동안 속된 생각이 없어져서 만나는 스님과 나누는 선담禪談에 빠져서 집으로 돌아갈 줄 모르는 시인의 정황을 보여 주고 있다.

7. 이준민李俊民의 시

이준민(1736-1799)은 울산 출신의 문인으로, 자가 심경心卿이고 호가 학고鶴皐이며 본관이 학성鶴城이다. 1771년(영조 47) 진사시에 합격하였다. 소산小山 이광정李光靖과 교유하고, 정재원丁載遠·정약용丁若鏞 부자와 종유했으며 문집 『학고유집鶴皐遺集』이 전한다.

〈금수굴. 조경행의 시에 차운하다. 2수(金水窟 次曺敬行韻 二首)〉[294]

이곳에서 누가 부처가 되었는가?
지금 와 보니 옛 봉우리가 있네.
높은 바위에는 또 하늘이 푸르고
솟아나는 샘에는 절로 금빛이 노랗구나.

294) 이준민(李俊民), 〈금수굴. 조경행의 시에 차운하다. 2수(金水窟 次曺敬行韻 二首)〉, 『鶴皐遺集』 권1, 「시(詩)」.

나그네는 일천 봉우리의 빗속에 서 있는데
스님은 일만 그루의 나무 그늘로 돌아가네.
석양 속의 끝없는 풍광을
한바탕 길게 읊어 보내네.

此地誰成佛 今來得古岑
巖高仍碧落 泉湧自黃金
客立千峰雨 僧歸萬樹陰
斜陽無限景 輸與一長吟

광대한 곳을 참 신령이 창조하니
동남 지역에서 으뜸가는 산봉우리로다.
겹친 산은 옥을 깎은 듯하고
넘실거리는 물은 황금이 뜨네.
구름이 머무니 하늘이 가깝고
천둥이 울리니 낮이 음산해지려 하네.
10년 전부터 바위 아래에 살고 싶었는데
이곳을 마주하여 문득 깊이 생각해 보네.

磅礴眞靈造 東南第一岑
重重山削玉 瀲瀲水浮金

雲逗天爲近 雷鳴晝欲陰
十年巖下計 對此却沈吟

이 시는 이준민이 금수굴(불지)에 가서 동행한 조경행의 시에 차운한 작품이다.

첫째 수는 천 명의 성인이 배출되었다고 전하는 원적산(천성산)에 이제 와 보니 옛 설화의 현장인 봉우리가 있음을 지적하면서 시작한다. 높은 바위와 푸른 하늘, 솟아나는 샘물은 황금빛을 띠는데, 수많은 봉우리 속에서 비를 맞으며 서 있는 시인과 빽빽한 숲의 그늘 속으로 돌아가는 스님의 모습을 제시하고 있다. 마지막에서는 석양 속의 무한한 풍광을 시로 읊어 전달해 주는 시인의 모습을 보여 주고 있다.

둘째 수는 참된 신령이 창조한 광대한 이곳이 동남 지역에서 으뜸가는 곳임을 지적하면서 시작하고 있다. 이어서 옥을 깎은 듯한 겹친 산과 넘실거리는 황금의 물, 구름 머무는 가까운 하늘, 천둥이 울리는 음산한 낮과 같은 눈앞의 정경을 묘사하고 있다. 마지막에서는 10년 전부터 산속에 들어와서 살고 싶은 생각이 있었음을 상기한 뒤에 이곳을 마주하고 보니 그 계획을 심각하게 한 번 고려하게 됨을 보여 주고 있다. 시인은 이런 정도의 산수 경관을 지닌 곳이라면 여기 들어와서 살아도 괜찮겠다는 생각을 품고 있다.

8. 남경희南景羲의 시 [1792년 겨울, 1800년 윤4월]

남경희(1758-1812)는 경주 보문리 출신의 문신이다. 인물에 대한 사항은 3부 '7. 남경희南景羲, 〈재유원적산기再遊圓寂山記〉'를 참조하면 된다. 남경희의 시도 뒤에 나올 4부 '9. 이양오李養吾·임만제任萬濟·윤현尹鉉의 시'에 포함되지만, 그의 문집에 불지를 제재로 하여 읊은 작품이 또 있으므로 독립 항목으로 다룬다.

〈성불암에서 쉬고 금수굴을 관람하다(憩成佛庵 觀金水窟)〉[295)]

[1792년 겨울]

깎아지른 돌 비탈을 더위잡고 올라 그윽한 곳을 찾다가

인가의 연기를 굽어보며 깊지 않음을 걱정하네.

295) 남경희(南景羲), 〈성불암에서 쉬고 금수굴을 관람하다(憩成佛庵 觀金水窟)〉, 『치암집(癡庵集)』 권3, 「시(詩)」.

옛 불상은 거칠고 썰렁하여 바위로 집을 삼는데
조화옹은 신령하고 괴이하여 물에서 황금이 생기게 하네.
위태로운 꼭대기가 바로 하늘을 떠받치는 형세를 짓는데
높은 곳에서는 오로지 속세와 인연을 끊으려는 마음을 품네.
어떻게 하면 속세의 너저분함을 다 없애고
이 사이에 청아하게 앉아 세월을 보낼 수 있으랴?

攀躋絶磴費幽尋 俯瞰人烟恐未深
古佛荒凉巖作屋 化翁靈怪水生金
危巓正得擎天勢 高處偏懷出世心
安得消除塵累盡 此間淸坐送光陰

이 시는 원적산을 유람하던 중 성불암에서 쉬고 나서 불지, 곧 금수굴을 관람한 것을 보여 주고 있다. 수련에서 깎아지른 듯 험한 돌 비탈을 올라가서 그윽한 불지를 찾다가 막상 불지에 올라 멀리 바라보이는 인가의 연기를 굽어보면서 오히려 더 깊은 산속이 아님을 걱정하는 모습을 보여준 뒤, 함련에서 거칠고 썰렁한 불상은 바위로 집을 삼는데 신령하고 괴이한 조화옹은 물에서 황금이 생기게 한다고 하여 불지에서 느낀 감상을 담고 있다. 경련에서는 불지 뒤편의 하늘을 떠받치는 듯한 바위의 위세에 놀라면서 이 높은 곳에서 속세와 인연을 끊고 싶은 마음이 생겨

불지(좌측 상단 큰 바위 아래)와 성불암 원경
(천성산 중앙능선에서 최석영 교수 촬영)

남을 고백하고 있다. 미련에서는 청정한 세계에 들어온 만큼 너저분한 속세의 때를 벗어 버리고 이곳에서 청아하게 세월을 보내기를 바라는 희원希願을 드러내고 있다.

이 시는 속세의 번잡한 일들에 시달리다가 수려한 원적산의 청정한 암자를 거쳐 불지에 온 시인이 너저분한 속세를 벗어나서 살고 싶다는 생각이 드는 모습을 보여 주고 있다. 이 시를 보면 불지와 성불암의 거리가 별로 멀지 않음을 알 수 있다. 실제로 앞에서 제시한 사진에서 보듯이 성불암과 불지 사이에는 작은 능선이 하나 놓여 있지만 둘 사이의 거리는 500미터가 채 되지 않을 만큼 가깝다.

〈불지佛池〉[296] [1800년 윤4월]

맑고 화창하여 좋은 시절에
손잡고 신선 세계[297]로 들어가네.
바위를 만나니 자주 앉게 되고
샘물 소리를 들으려고 천천히 가네.
바람에 날리는 옷깃은 돋은 날개[298]와 같고
소리 나는 그림은 용면거사[299]의 솜씨와 흡사하네.
해 질 무렵에 오르기를 그만두고
산[300] 언저리에서 승려를 찾네.

296) 이 시는 이양오(李養吾), 〈중유원적산기(重遊圓寂山記)〉에 포함된 것으로, (필사본) 『반계집(磻溪集)』 권4에 실려 있다. 제목은 〈불지(佛池)〉라고 필자가 임의로 붙였다.

297) 호천(壺天)은 항아리 속의 천지로, 선경(仙境)이나 승경(勝境)을 뜻한다. 중국 후한(後漢)의 비장방(費長房)은 시장을 관리하는 자리에 있었는데, 시중에 어떤 노인이 약을 팔면서 가게 앞에 술 항아리[壺] 하나를 걸어 놓고 시장이 파하자 그 속으로 뛰어 들어가는 것을 보았다. 다음날 그 노인과 함께 그 술 항아리 안으로 들어가니 그곳에는 옥당(玉堂)이 있는데 그 안에서 좋은 술과 기름진 안주가 끊임없이 나왔으므로 둘이 함께 마시고는 취해서 나왔다고 한다.

淸和好時節 攜手入壺天
屢坐因逢石 徐行爲聽泉
風襟如羽化 聲畫逼龍眠
落日登臨罷 尋僧紫翠邊

이 시는 전반부에서 맑고 화창한 윤4월 어느 날 벗들이 손을 맞잡고 신선 세계라 할 원적산 유람을 떠난 사실을 바탕으로, 가다가 좋은 바위가 있으면 앉아 쉬고 샘물 소리가 들리면 그 소리를 감상하려고 천천히 걸어가는 일행의 모습을 담고 있다. 후반부에서 옷깃이 바람에 나부껴서 날개처럼 흔들리고 개울 소리가 들리는 살아 있는 그림이라 할 산천은 용면거사 이공린李公麟의 그림처럼 실감 나는 장면임을 말한 뒤, 해 질 무렵이 된 만큼 산자락 주변에서 절집을 찾아야겠다는 여행자의 마음을 보여 주고 있다. 이 시는 산속 유람객의 여유로운 모습을 담아내고 있다.

298) 우화(羽化)는 사람의 몸에 날개가 돋는 것으로, 사람이 하늘로 날아올라 신선이 된다는 우화등선(羽化登仙)을 염두에 둔 표현이다.

299) 용면(龍眠)은 중국 송(宋)나라의 유명한 화가 이공린(李公麟, 1049-1106)의 호(號)이다. 그는 자가 백시(伯時)이고 호가 용면거사(龍眠居士)이다. 시서화(詩書畵)에 모두 능한 문인화가로 불상, 인물, 산수, 화조 등의 그림을 잘 그렸다.

300) 자취(紫翠)는 자줏빛과 푸른빛으로, 산을 비유한다.

9. 이양오李養吾·임만제任萬濟·윤현尹鉉의 시 [1800년 윤4월]

1800년 윤4월에 울산과 경주 출신의 선비 노인 네 명, 곧 이양오[李養吾, 1737-1811, 자 용호用浩·용회用晦], 남경희[南景羲, 1758-1812, 자 중은仲殷], 임만제[任萬濟, ?-?, 자 지국持國], 박회석[朴晦錫, 1740-1819, 자 문응文應], 윤현[尹鉉, ?-?, 자 용현龍見]과 이양오의 젊은 족숙 이의춘이 동행하여 3박 4일에 걸쳐 원적산(천성산)을 유람하였다. 그 전체 기행문은 3부 '5. 이양오李養吾, 〈중유원적산기重遊圓寂山記〉'를 참조하면 된다.

이양오李養吾, 〈불지佛池〉[301]

깊은 산에서 빼어난 경치를 찾아

가고 또 가서 골짜기로 들어가네.

---

301) 이 시는 이양오(李養吾), 〈중유원적산기(重遊圓寂山記)〉에 포함된 것으로, (필사본) 『반계집(磻溪集)』 권4에 실려 있다. 제목은 〈불지(佛池)〉라고 필자가 임의로 붙였다. 이하 다른 사람의 시도 마찬가지이다.

구름을 헤쳐 돌길을 찾고
구멍을 살펴 황금 샘물을 마시네.
시골 주점에서 술을 시켜 마시고
사찰 방에서 평상을 빌려 자네.
줄을 지어서 누런 가시나무 지팡이를 짚고
푸른 숲 그늘 주변에서 시를 주고받네.

獵景山深處 行行入洞天
披雲尋石徑 窺竇嗽金泉
郙店呼罇飮 僧房借榻眠
聯翩黃棘杖 酬唱綠陰邊

이 시는 전반부에서 깊은 원적산의 빼어난 경관을 찾아 골짜기로 찾아가는 일행의 모습과, 구름 속에서 길을 찾고 구멍 속의 샘물 곧 금수金水를 마시는 일행의 모습을 제시하고 있다. 뒤에서는 시골 주점, 곧 대둔점[현재의 노전암 근처에 있던 주점]에서 술을 마시고 사자암獅子菴에서 숙박한 어제의 여정과, 지팡이를 짚고 줄을 서서 찾아온 불지 옆의 푸른 숲속 그늘에서 시를 주고받는 현재의 모습을 나란히 보여 주고 있다. 환갑이 지난 노인이 원적산의 멋진 경관을 관람한 데 대한 뿌듯함과 동행인들의 단란한 모습을 담담하게 제시하고 있다.

임만제任萬濟, 〈불지佛池〉

진원眞源을 찾는 늙은 나그네는
원적산 골짜기에 있네.
숲이 빽빽하니 다투어 새가 울고
바위가 열리니 또 샘물이 솟네.
술집[302]에서 술을 사서 마시고
절간에서 등불을 짝하여 자네.
바다와 그다지 멀리 떨어지지 않아
삼신산 주변이 아득하고 어렴풋하네.

尋眞遲暮客 圓寂洞中天
林密爭號鳥 巖開又湧泉
杏村沽酒飮 蓮社伴燈眠
去海無多地 三山縹緲邊

이 시는 전반부에서 진원을 찾느라고 원적산 골짜기에 있는 노인 일행이 빽빽한 숲속에서 새소리를 듣고 열린 바위 곧 불지

302) 행촌(杏村)은 행화촌(杏花村)의 준말로, 살구꽃이 핀 마을인데 만당(晩唐)의 시인 두목(杜牧)이 〈청명(淸明)〉 시에서 "묻노니 술집이 어디에 있는가? 목동은 멀리 행화촌을 가리키네(借問酒家何處有 牧童遙指杏花村)."라고 한 이후 술집을 뜻한다.

에서 샘물을 발견한 모습을 보여 주고 있다. 후반부에서 불지로 오는 와중에 주점[대둔점大芚店]에서 술을 사서 마시고 절간[사자암獅子菴]에서 숙박한 사실을 제시한 뒤 이곳은 바다와 크게 멀지 않은 높은 산이기 때문에 멀리 바라보이는 동해의 삼신산 주변이 아득히 어렴풋하게 보인다는 사실을 지적하고 있다. 원적산이 속세와 떨어진 별세계임을 지적하고 있다.

윤현尹鉉, 〈불지佛池〉

나는 인간 세상에서 왔건만
산속에 별천지가 있네.
봉우리마다 흰 구슬로 꾸미고
골짜기마다 맑은 시내를 걸어 놓았네.
동틀 무렵에 금수를 마시고
해 떨어진 뒤에 미타암에서 잠자네.
동남 지방의 명승지가
덧없이 한 길 몸 곁에 붙어 있네.

我自人間至 山中別有天
峯峯粧白玉 谷谷掛淸泉
金水平明飮 彌陁薄暮眠
東南名勝地 謾付丈身邊

이 시는 전반부에서 자신은 인간 세상에서 왔지만 원적산 속은 별천지와 같아서 봉우리마다 흰 구슬로 꾸미고 골짜기마다 맑은 폭포가 펼쳐진 광경을 제시하고 있다. 후반부에서 동틀 무렵에 불지의 약수, 곧 금수를 마신 만큼 해 질 무렵에는 미타암에서 잘 것이라고 하여 그날 밤의 예정된 숙박지라는 사실을 알려주면서 이곳이 동남 지방 최고의 명승지임을 자랑하고 있다. 속세에서 벗어나 별천지에 들어온 사실을 보여 주고 있다.

10. 최수崔琇의 시

최수(1759-1821)는 경주 출신의 문인으로 용산서원龍山書院[303] 원장을 지냈으며 호가 가암稼庵이고 본관이 경주이다. 문집 『가암문집稼庵文集』이 전한다.

〈금수. 12운(金水 十二韻)〉[304]
천 길로 솟은 푸른 벼랑에
놀랍게도 동굴 하나가 그늘져 있네.
상서로운 빛은 나무와 풀 위에 뜨고
기이한 기운은 고개와 봉우리에서 움직이네.

303) 용산서원(龍山書院)은 1699년(숙종 25)에 경주 지방 유림의 공의로 최진립(崔震立)의 충절과 덕행을 추모하기 위하여 고위산(高位山) 아래에 창건하여 위패를 모신 서원이다. 1711년에 '숭렬사(崇烈祠)'로 사액되었는데, 이때 유림이 모여 용산서원으로 부르기로 합의하였다. 1868년(고종 5) 대원군의 서원철폐령으로 훼철되었다가 1903년 유림의 공의로 설단(設壇)하여 향사를 지내 왔으며, 1973년 유림에 의하여 복원되었다.

혹시 양주[305] 땅을 왕래한다면
응당 황금 조각의 숲이라고 알려지리라.
파인 곳을 채우지만 어떻게 바다로 가랴?
웅덩이를 이루지만 장마에도 불어나지 않네.
또 목구멍이 마를까 염려하지 마라.
마음대로 마신들 누가 금하겠는가?
널리 퍼져 나가려고 애쓰지 마라.
깊은 못으로 나가기는 어려우니까.
아름다운 명성이 인간 세상에 알려지면
숨겨진 광채가 관리의 마음을 더럽히게 되리라.
제齊나라 장수[306]의 띠를 장식하고 싶지만
초楚나라 미녀[307]의 비녀로 쓰는 것은 금지할 만하네.

---

304) 최수(崔琇), 〈금수. 12운(金水 十二韻)〉, 『가암문집(稼庵文集)』 권1, 「시(詩)」.

305) 양주(楊州·楊州)는 중국의 황금 산지로 유명한 곳이다. 중국에서는 예전에 쌍남금(雙南金)이라 하여 남쪽 지방인 형주(荊州)와 양주의 동(銅) 명산지로 알려졌으나 나중에는 황금을 지칭하게 되었다.

306) 제장(齊將)은 중국 동북방 국가인 제(齊)나라의 용맹한 장수이다. 『맹자(孟子)』 「공손추(公孫丑)」에 등장하는 제나라 장수 북궁유(北宮黝)의 용맹을 참조할 수 있다. 즉 그는 "칼에 피부가 찔려도 움찔하지 않고, 바늘로 눈을 찔러도 도망하지 않고, 남에게 털끝 하나라도 꺾이면 저잣거리에서 매를 맞는 것처럼 여겼다. 또한 천한 사람에게 모욕을 받지 않고, 또한 만승(萬乘)의 군주에게도 모욕을 받지 않았다. 만승의 군주를 찌르는 것을 마치 필부를 찌르는 것으로 여겼으며, 제후를 어려워함이

하늘은 일一로서[308] 애초에 수水를 낳고
가을 석 달 동안 이미 금金 기운이 왕성해졌네.[309]
노닐며 구경함은 응당 옛날부터 있어 온 일인 만큼
정색[310]이 어찌 지금이라고 다르겠는가?
길어 가면 광채가 손길을 따르고
마시면 상쾌함이 가슴속을 씻어 주네.
능히 기운을 아는 데 욕심내지 말자고
서로 경계하며 또 길게 읊조리네.

없었고 나쁜 소문이 이르면 반드시 돌려주었다." 하였다.

307) 초아(楚娥)는 중국 남방 국가인 초(楚)나라의 미녀이다. 만당(晩唐)의 시인 두목(杜牧)의 〈견회(遣懷)〉 시에 "방탕하여 강호에 술 싣고 다니노라니, 초 땅의 허리 가냘픈 미인은 손바닥 안에 가볍구나(落魄江湖載酒行 楚腰纖細掌中輕)."라는 대목이 있다.

308) 천일(天一)은 하늘에 해당하는 일(一)을 뜻한다. 『주역(周易)』의 수리(數理)에 의하면, 하늘은 홀수이고 땅은 짝수이다. 주희(朱熹)는 『근사록집해(近思錄集解)』 권1, 「태극도설주(太極圖說註)」에서 오행(五行) 생성의 이치를 말하면서 "하늘은 일(一)로서 수(水)를 낳고, 땅은 이(二)로서 화(火)를 낳고, 하늘은 삼(三)으로서 목(木)을 낳고, 땅은 사(四)로서 금(金)을 낳고, 하늘은 오(五)로서 토(土)를 낳는다(天一生水 地二生火 天三生木 地四生金 天五生土)."고 하였다.

309) 가을은 오행(五行)에서 서쪽 방향으로 백(白)·금(金)을 뜻한다.

310) 정색(正色)은 바른 색깔로, 청(靑)·적(赤)·황(黃)·백(白)·흑(黑)을 가리킨다.

蒼壁屹千尋 呀然一穴陰
祥光浮樹草 奇氣動嶺岑
倘通楊州地 應通瓜子林
盈科寧進海 成坎不添霖
且莫愁喉渴 誰禁任意斟
無勞施普溥 難與就淵深
美號通人世 潛輝汚吏心
欲粧齊將帶 可禁楚娥簪
天一初生水 秋三已旺金
遊觀應自古 正色豈渝今
汲去光隨手 唏來爽滌襟
不貪能識氣 相戒又長吟

이 시는 먼저 천 길 높이의 푸른 벼랑 아래 놀랍게 붙어 있는 불지의 모습을 소개한 뒤에 상서로운 빛과 기이한 기운이 주변을 감싸 유동하고 있음을 지적하고, 혹시 황금 산지로 유명한 중국의 양주 땅을 왕래한다면 이곳이 황금의 숲으로 알려질 것이라고 단언하고 있다.

이어서 불지의 신기한 모습을 보여 주는데, 파인 곳을 채워야 하므로 아래로 흐르지 않고 웅덩이를 이루지만 장마에도 불어나지 않으며, 마셔도 금하지 않으니 목마름을 걱정할 필요가 없다고 지적하고 있다. 또 어차피 이 불지의 물은 깊은 못으로 나아기 어렵기 때문에 널리 퍼져 나가려고 애쓸 필요가 없다고 하면서, 아름다운 명성이 널리 퍼지면 숨겨진 광채가 관리의 마음을 더럽히게 될 것이라고 밝히고 있다.

그다음에 금수가 생겨난 이치를 따지면서, 하늘은 애초에 하나[일一]로서 물[수水]을 낳고 오행에서 금金에 해당하는 가을을 지나는 동안 그 기운이 왕성하게 되었는데, 노닐며 구경함은 응당 옛날부터 있어 온 일이므로 정색正色은 옛날과 다름이 없음을 확신하고 있다.

마지막에서는 이 황금 물은 길어 가면 손길을 따라 빛나고 마시면 가슴속을 상쾌하게 해 준다는 점을 강조하면서, 능히 기운을 아는 데 욕심내지 말자고 서로 경계하면서 길게 읊조리는 동행인의 모습을 보여주고 있다.

〈금수를 볼 듯이 큰 고개를 넘다(擬觀金水踰大嶺)〉[311]

시냇가에서 두 손을 합장하며 절하고 또 말하더니
젊은 승려[312]가 좁은 길[313]로 앞장서서 인도하네.

---

311) 최수(崔琇), 〈금수를 볼 듯이 고개를 넘다(擬觀金水踰大嶺)〉, 위와 같음.

312) 사문(師門)은 스승의 문하를 뜻하지만, 여기에서는 사문(沙門, 불문에 들어가서 수행하는 사람)을 뜻한다.

313) 미행(微行)은 소로(小路), 좁은 길을 뜻한다.

고개 위의 돌아가는 구름에서 둥지 튼 송골매를 찾노라니
바위 꼭대기의 마른나무에 키 작은 원숭이가 매달려 있네.
호랑이 울부짖음에 곧장 한낮에 나타날까 염려스럽고
새 울음소리에 황혼이 될까 두려워할 만하네.
한 치 한 치씩 벼랑을 오르며 부여잡고 나아가는데
한 움큼의 금빛 물결은 어디에 있는가?

叉手臨溪拜且言 微行前導小師門
歸雲嶺上探捿鶻 枯木巖頭掛短猿
虎嘯只憂生白晝 鳥啼可怕到黃昏
緣崖寸寸躋攀進 一掬金波何處存

이 시는 불지(금수)를 보겠다는 생각으로 그곳을 찾아가는 과정의 고통스러운 과정을 담고 있다. 수련은 시냇가에서 만난 젊은 승려가 인사를 하고 안내하겠다는 의사를 표시한 뒤에 앞장서서 인도하는 모습을 보여 주고, 함련은 구름 낀 고갯마루에서 둥지 튼 송골매를 찾노라니 바위 꼭대기의 고사목에 키 작은 원숭이가 매달려 있는 모습을 제시하고 있다. 경련은 너무 깊은 골짜기여서 대낮에도 호랑이가 출현할까 근심스럽고 우짖는 새소리에서 저물녘에나 도착할 것처럼 두려워할 만한 상황임을 보여 주고 있다. 미련에서는 힘든 고갯길을 가도 가도 목적지가 보이

지 않는 상황 속에서 결국 한 움큼 금수를 볼 수 있을는지, 그 가능성에 대한 의구심을 표현하고 있다.

결국 이 시는 금수를 찾아가는 과정이 결코 평탄하지 못하고 험난한 고갯길을 힘겹게 걸어야 도착할 수 있다는 사실을 보여주고 있다.

11. 이근오李覲吾의 시

이근오(1760-1834)는 울산 출신의 문신으로, 자가 성응聖應이고 호가 죽오竹塢이며 본관이 학성鶴城이다. 남용만南龍萬의 문하에서 수학하고 이정규李鼎揆와 교유하였다. 1789년(정조 13)에 진사가 되고 이듬해 증광문과에 급제하여 1819년에 벼슬이 사헌부지평司憲府持平에 이르렀다. 관직에서 물러나서 고향에 양사재養士齋를 짓고 후진 양성에 힘썼다. 문집 『죽오유집竹塢遺集』이 전한다.

〈금수굴金水窟〉[314]

깎아지른 천 길 층진 바위 벼랑이 서 있는데
입을 벌린 작은 구덩이에서 황금이 솟구치네.

314) 이근오(李覲吾), 〈금수굴(金水窟)〉, 『죽오유집(竹塢遺集)』 권1, 「시(詩)」.

덕은 중앙을 숭상하여 정색[315]으로 남아 있고
땅은 하계[316]를 떠나서 속된 마음을 씻어 주네.
가을[317]을 맞을 때마다 신령한 액체가 더해지고
누른 물을 한 모금 마시면 도인의 마음이 상쾌해지네.
앉아서 단풍을 차지하여 피리를 불고
돌부리에서 배회하다가 애써 조용히 읊조리네.

層巖絶巘立千尋 小竇谽呀水湧金
德尚中央留正色 地離下界洗塵心
每當素節添靈液 一歃黃流爽道衿
坐領丹楓吹觱篥 徘徊石角費幽吟

이 시는 금수굴 곧 불지를 보고 느낀 심정을 담아낸 작품이다. 수련은 깎아지른 천 길 바위 아래에 있는 작은 구덩이 곧 불지와 그곳에서 솟구쳐 오르는 금수를 소개하고 있다. 함련은 금수의 빛깔인 노란색은 정색으로 중앙을 숭상하는 덕이 있고, 하계와 떨어진 곳은 속된 마음을 깨끗이 하는 곳이라는 의미가 있음을

315) 정색(正色)은 바른 색깔로, 청(靑)·적(赤)·황(黃)·백(白)·흑(黑)을 가리킨다.
316) 하계(下界)는 아래에 있는 세계로, 천상계에 대하여 사람이 사는 '이 세상' 을 뜻한다.
317) 소절(素節)은 가을이다.

밝히고 있다. 경련은 금수의 '금金'은 오행에서 서쪽과 가을을 뜻하므로 가을철이 되면 늘 신령한 액체가 더해지고, 그 물을 한 모금 마시면 수도하는 사람의 마음이 상쾌하게 된다고 주장하고 있다. 미련은 온산에 가득한 단풍 속에서 피리를 불고, 돌부리 사이를 배회하다가 다시 조용히 시를 읊조리는 모습을 보여 주고 있다.

12. 김정희金正喜의 시

김정희(1786-1856)는 조선 후기 충남 예산 출신의 문신으로 자가 원춘元春이고, 호가 완당阮堂·추사秋史·시암詩庵·예당禮堂·노과老果·농장인農丈人·천축고선생天竺古先生 등이며, 본관이 경주이다. 1819년(순조 19) 문과에 급제하여 충청우도암행어사·성균관대사성·병조참판·이조참판 등을 지냈다. 실사구시의 학풍을 주장하였으며 서예에서 독자적 서체인 추사체秋史體를 이루었다. 고증학과 금석학에도 밝아 북한산의 진흥왕순수비眞興王巡狩碑를 고증하였다. 문집 『완당집阮堂集』이 전한다.

〈자오천子午泉〉[318]

우리나라는 구주九州[319]의 바깥에 있지만

기이한 명승을 누구에게 양보하겠는가?

318) 김정희(金正喜), 〈자오천(子午泉)〉, 『완당집(阮堂集)』 권9, 「시(詩)」.

319) 구주(九州)는 중국을 아홉 개 땅으로 구분한 것으로, 중국 전토(全土)를 뜻한다.

한양漢陽[320]과 삼한三韓[321] 지역에는
샘의 형상이 또한 다양하네.
불지佛池에는 기이한 명품이 솟아오르니
금설천金屑泉[322]과 서로 함께 견줄 만하네.[323]
청송青松과 일모[一牟, 문의][324]와
낭성[琅城, 청주] 동쪽 산의[325]
초정椒井 약수라고 이름이 붙은 것들은
소재지가 곧 같은 모양이네.[326]
탕정湯井은 임원준任元濬[327]의 기록이 있고[328]
신수神水[329]는 맛이 달아 술을 빚기에 좋네.[330]
각종 조석천潮汐泉[331]은
두루 살펴보건대 거짓이 아니네.

---

320) 열양(洌陽)은 열수(洌水, 한강)의 북쪽 곧 한양(漢陽)을 뜻한다.

321) 한(馯)은 한(韓)을 뜻하며, 삼한(三韓) 지역을 가리킨다.

322) 금설천(金屑泉, 금가루가 섞인 샘물)은 당(唐)의 시인 왕유(王維, 699-760)가 섬서성(陝西省) 남전현(藍田縣)의 망천(輞川)에 살 때 그곳에 있던 샘의 이름이다. 그때 지은 「망천이십경(輞川二十景)」 중의 하나인 〈금설천(金屑泉)〉은 다음과 같다.
매일 금설천의 물을 마시니
젊어서 마땅히 천 년을 넘게 살리라.
푸른 봉황의 수레 타고 이무기처럼 날아서
깃털 부절 앞세우고 옥황상제를 알현하리라.
日飲金屑泉 少當千餘歲
翠鳳翔文螭 羽節朝玉帝

323) 원주(原註): 양산의 원적산에 불지가 있는데 일명 금수굴(金水窟)이라고 한다. 굴속

이 온통 금가루여서 저 망천(輞川)의 금설천과 서로 같은 듯하다(梁山圓寂山有佛池一名金水窟 窟中盡是金屑 似與輞川之金屑泉相同).

324) 원주(原註): 문의[文義, 충북 청주 상당구 문의면]의 옛 이름이다(文義古號).

325) 원주(原註): 지금의 청주(淸州)이다(今淸州).

326) 원주(原註): 청송·문의·청주에는 다 초정 약수가 있다(靑松文義淸州 皆有椒水).

327) 임원준(任元濬, 1423-1500)은 조선 전기의 문신으로, 자가 자심(子深)이고 호가 사우당(四友堂)이며 본관이 풍천(豊川)이다. 경사(經史)에 밝고 문장이 뛰어났으며 의학에 정통하였다. 예조판서, 의정부좌·우참찬을 지내고 문집 『창진집(瘡疹集)』이 전한다.

328) 원주(原註): 온양(溫陽) 온정(溫井)에는 임원준(任元濬)의 기문이 있다(溫陽溫井 有任元濬記).

329) 신수(神水)는 신정(神井)의 약수로, 『신증동국여지승람(新增東國輿地勝覽)』 권19, 「충청도 온양군(溫陽郡)」 〈산천(山川)〉, '신정(神井)' 에 다음과 같은 기록이 있다. 임원준(任元濬)의 기(記)에 이르기를, "천순(天順) 8년 봄 2월에 우리 주상(主上) 승천체도 열문영무 전하(承天體道烈文英武殿下)께서 남쪽으로 충청도를 순수(巡狩)하시면서 속리산 복천사(福泉寺)에 거둥하시어 혜각존자(慧覺尊者)를 만나 보시고, 그 뒤 3월 초1일에 온양군의 온탕에 거가(車駕)를 머무르셨다. 그러한 지 4일 만에 신천(神泉)이 홀연 솟아올라 뜰에 가득히 흘러 가득하였다. 성상께서 크게 기이하게 여기셔서 그곳을 파라고 하여 보니, 물이 철철 넘쳐 나오는데 그 차기는 눈과 같고, 맑기는 거울 같고, 맛은 달고도 짜릿하고, 성질은 부드럽고도 고왔다. 따라온 재상들에게 명하여 반포해 보이시니, 서로 돌아보며 놀라고 기뻐하지 않는 자가 없었고, 또 서로 이르기를, '옛날에 없던 것이 지금 새로 생기어 탕정(湯井)의 물은 따뜻하고 이 우물은 차니, 이는 실로 상서의 발로이다.' 하여, 8도에서 표문(表文)을 올려 하례하고 칭송하니, 드디어 주필신정[駐蹕神井, 왕의 수레를 머문 신성한 샘]이란 이름을 내렸다." 하였다.

330) 원주(原註): 온정 곁에 신수가 있는데 역시 임원준의 기록이 있다(溫井旁有神水 亦見任元濬記).

331) 조석천(潮汐泉)은 아침저녁으로 조석(潮汐)이 생기듯이 물이 솟아나는 샘이다. 아침에 밀려 들어왔다가 나가는 물을 조수(潮水)라 하고 저녁에 밀려 들어왔다가 나가는 물을 석수(汐水)라 한다. 오두인(吳斗寅, 1624-1689)의 『양곡집(陽谷集)』 권3 〈조석천기(潮汐泉記)〉와 이익(李瀷, 1681-1763)의 『성호사설(星湖僿說)』 권2 〈조석천(潮汐泉)〉은 문경(聞慶)의 조석천을 대상으로 한 것이다.

새재[조령鳥嶺]에는 물구멍이 둘이라는 기록이 있고[332]
총령창葱嶺倉에는 세 번 물이 불어난다고 자랑하네.[333]
옛날에 들으니 침주郴州[334]의 물은
냉탕과 온탕으로 반씩 나뉘어 있다고 하였는데[335]
증지增地[336]와 비교하면
그 이치상 결국 어느 것이 더 훌륭한가?
마령[馬靈, 진안]에는 찜 시루처럼 증기가 끓고[337]
함라산咸羅山[338]에는 묵정墨井[339]의 물결이 모여드네.[340]
신맛 샘은 강음江陰에 있고[341]
짠맛 샘은 율구[栗口, 황해도 은율]의 곁에 있네.[342]
부령富寧은 옛날의 석막石幕인데[343]
자장담資莊潭[344]에는 물이 맑게 출렁거리네.[345]
고임과 흐름은 지방에 따라 다르지만
하늘이 한바탕 교묘한 솜씨를 보여준 것이네.
모든 샘의 이치를 지적해 보려 하지만
오묘하여 펼쳐내기 어렵구나.
게다가 또 중국 땅은 광대하여
처음 견문한 것 아님이 없네.
자오천을 정정訂正하러 가면
즐거이 널리 취하고 찾아야 하리.

332) 원주(原註): 우리나라 사람은 재[嶺]를 참(岾)이라고 하는데 참은 자서(字書)에 없는 글자다. 문경에 있는 새재[조참, 조령]에는 조석천이 두 군데 있어서 어떤 것은 하루에 두 번 밀려오고 어떤 것은 하루에 세 번 밀려온다. 그것을 물밀이[수퇴(水推)]라 하는데 역시 방언이다(東人謂嶺爲岾 岾字書所無也 鳥岾在聞慶 有潮汐泉二處 或一日二至 或一日三至 謂之水推 亦方言也).

333) 원주(原註): 총령창(葱嶺倉)은 수안군[遂安郡, 황해도 수안군]에 있다. 창고 곁에 조천(潮泉)이 있는데 하루에 세 번 밀려온다(葱嶺倉在遂安郡 倉旁有潮泉 一日三至).

334) 침주(郴州)는 중국 호남성(湖南省)에 있는 고을이다. 이곳에는 온천뿐 아니라 냉천도 함께 있다고 한다.

335) 원주(原註): 곧 용강(龍岡)에도 온·냉(溫冷)의 두 샘이 있는데 침주(郴州)와 서로 같은 듯하다(卽龍岡有湯冷二泉 似與郴州相同).

336) 증지(增地)는 고대 평안도 유역의 지명으로 현재의 강서(江西)·용강(龍岡)·증산(甑山) 지역을 가리킨다고 하는데, 여기에서는 용강을 가리킨다. 『한서(漢書)』「지리지(地理志)」〈패수현(浿水縣)〉에 달린 반고(班固)의 주석에서 "물이 서쪽으로 증지현(增地縣)에 이르러 바다로 들어간다."라고 하였다. 이유원(李裕元)의 『임하필기(林下筆記)』 권11, 〈사군연혁(四郡沿革)〉에 "증지현(增地縣)은 지금의 강서·용강·증산 등의 땅이다."라는 설명이 있다.

337) 원주(原註): 증연[甑淵, 시루못]은 진안[鎭安, 전북 진안]에 있다. 마령은 곧 옛 이름이다. 『현지(縣志)』에 이르기를 '큰 구멍이 위로 산마루까지 뚫려서 수증기가 늘 시루에 떡 찌듯이 음식을 끓여 댄다.' 고 하였다(甑淵在鎭安 馬靈卽古號 縣志云大竇上通頂 水氣常餴饎如甑炊).

338) 함라산(咸羅山)은 함열[咸悅, 전북 익산시 함열읍]의 진산(鎭山)이다.

339) 묵정(墨井)은 함열(咸悅)의 함라산에 있는 샘이다. 『신증동국여지승람(新增東國輿地勝覽)』 권34, 「전라도 함열현(咸悅縣)」〈산천(山川)〉, '묵정(墨井)' 에 "함라산 서쪽에 있는데, 둘레가 5천 척이고, 깊숙하고 검푸르며, 모래와 돌이 모두 검기 때문에 묵정이라 한다."는 설명이 있고, 또 "전하는 말에 '용추(龍湫)에서 날이 가물어 비를 빌면 효험과 감응이 있다.' 고 한다." 하였다.

340) 원주(原註): 함라는 함열[咸悅, 전북 익산시 함열읍]의 산 이름인데 묵정(墨井)이 있다(咸羅 咸悅山名 有墨井).

341) 원주(原註): 강음은 금천[金川, 황해도 금천]의 옛 이름인데 신맛 나는 샘이 있다(江陰金川古號有酸泉).

吾邦九州外 奇勝誰與讓

洌陽及馯域 於泉亦多狀

佛池湧異品 金瘠相儕行

青松與一牟 琅城之東嶂

名以椒水者 所在卽一樣

湯井任所記 神水惦合釀

種種潮汐泉 覩歷非虀妄

鳥岾志兩穴 葱倉誇三漲

昔聞郴州水 分半冷與湯

若較於增地 厥理竟誰長

馬靈沸甑餴 咸羅聚墨浪

酸則江陰在 鹹者栗口旁

富寧古石幕 資莊淸演漾

342) 원주(原註): 율구는 은률[殷栗, 황해도 은율]의 옛 이름이다(栗ㅁ殷栗古號).

343) 원주(原註): 부령[함북 부령]은 곧 옛 석막군(石幕郡)이다(富寧卽古石幕郡).

344) 자장담(資莊潭)은 함경도 부령도호부의 남쪽 61리에 있던 못이다. 물빛이 맑고 추운 겨울에도 얼지 않으며, 큰물이 지더라도 모래가 메꾸어지지 않으며, 용이 있었던 것으로 전해진다고 하였다. 『신증동국여지승람(新增東國輿地勝覽)』 권50, 「함경도 부령도호부(富寧都護府)」, 〈산천(山川)〉 참조.

345) 원주(原註): 부령[함북 부령]에 자장담(資莊潭)이 있는데 물이 매우 맑아서 겨울에도 얼지 않는다(富寧有資莊潭 水極淸 冬不冰).

瀸氿隨地別 天一費巧匠

拈起諸泉理 奧妙不可暢

況復中州大 無非聞見枷

去訂子午泉 聊以博采訪

이 시는 조선 팔도의 유명한 샘 14개를 언급하면서 양산 원적산 불지[佛池, 금수]를 가장 먼저 소개하고 있다. 제목인 자오천은 자시[子時, 밤 12시경]와 오시[午時, 낮 12시경]에만 물이 넘치는 샘을 뜻한다. 조선 땅에 이런 샘이 많지 않으나 시인은 전국에 존재하는 약수, 온천과 냉천, 조석천 등을 망라하여 소개하고 있다. 그중 가장 먼저 불지를 거론함으로써 불지가 조선에서 가장 유명한 약수라는 인식을 보여 준다.

"불지에는 기이한 명품이 솟아오르니, 금설천金屑泉과 서로 함께 견줄 만하네."라고 하여, 불지에서 솟아나는 기이한 명품 금수는 당나라 시인 왕유王維의 별장이 있던 중국 섬서성 남전현 망천의 유명한 약수인 금설천과 견줄 만큼 이름난 곳임을 강조하고 있다. 두 샘의 공통점은 바닥에 온통 황금 가루가 깔려 있다는 것이다.

마지막에서는 이상의 여러 샘들이 각기 다른 모습을 보이고 있지만 다 같이 조물주의 교묘한 솜씨를 보여 주고 있으므로 하나같이 소중하다는 점을 인정하면서, 이 샘들의 이치를 지적하고 싶어도 너무 오묘하여 밝혀내기는 어렵다는 사정을 토로하고 있다. 게다가 중국은 땅이 넓고 크기 때문에 모두 처음 견문한 것이므로 혹시라도 자오천의 내용을 정정하러 간다면 즐거운 마음으로 널리 취하고 찾아야 할 것이라고 시를 마무리하고 있다.

13. 이익만李翼萬의 시

이익만(1795-1870)은 조선 후기 울산부 청량면 양천리 출신의 선비로, 자가 사붕士鵬이고 호가 국포菊圃이며 본관이 경주慶州이다. 어려서 형 우성友晟과 함께 조명국趙鳴國 문하에서 공부하고 나중에 이석호李錫琥에게 배웠다. 1818년에 글방 곧 양사재養士齋의 스승 죽오竹塢 이근오(李覲吾, 1760-1834), 고을 수재秀才 윤선묵尹璿默과 박희영朴羲永, 월성月城의 정자正字 권찬환(權瓚煥, 1782-1836) 등과 산사에서 만나 강서講書·과예課藝하는 자리에 종종 참석하여 그들에게 '기상氣象이 매우 좋다.'는 탄상을 받았다. 1860년(철종 11) 향리의 사람에서 행의行誼로 추천하였으나 나가지 않고 만년에 서실을 지어 국포菊圃라 편액하고 후진을 양성하였다. 문집 『국포일고菊圃逸稿』가 전한다.

〈원적산에서 노닐다. 성불암에서 출발하여 금수굴에 이르다
(遊圓寂山 自成佛菴到金水窟)〉[346)]

벼랑을 올라와서 골짜기를 꿰뚫는 가벼운 바람이 부는데
어디에도 없는 구름과 안개가 이곳에 있네.
성불암의 맑고 그윽한 경계를 가장 아낄 만하니
늙은 대나무와 빽빽한 소나무에 돌 탑상이 비어 있네.

攀崖穿壑策輕風 無若雲烟在此中
最憐成佛淸幽境 篁老松森石榻空

봄날에 올라와서 거센 바람을 타니
일천 봉우리의 붉은 꽃과 푸른 잎이 눈동자에 비치네.
황금빛 약수 석 잔에 호탕한 흥취가 일어나서
가슴속을 씻어내니 기름불[347]이 일시에 사라지네.

登臨春日駕長風 紅綠千峯在眼中
金水三杯豪興發 盪胷膏火一時空

346) 이익만(李翼萬), 〈원적산에서 노닐다. 성불암에서 출발하여 금수굴에 이르다(遊圓寂山 自成佛菴到金水窟)〉, 『국포일고(菊圃逸稿)』 권1, 「시(詩)」.

347) 고화(膏火)는 기름에 붙은 불이다. 『장자(莊子)』 「양생주(養生主)」에 "산의 나무는 (쓸모가 있어서) 스스로 해를 당하고, 기름은 불이 붙기 때문에 자기를 태운다(山木自寇也 膏火自煎也)."라는 대목에서 유래한다.

이 시는 원적산(천성산)의 성불암에서 출발하여 불지(금수굴)에 도달하는 과정을 중심으로 원적산 기행의 한 단면을 포착하고 있다.

앞의 작품은 성불암의 정경을 그린 것으로, 벼랑 위에 자리한 성불암의 지정학적 위치를 바탕으로 어디에서도 찾기 어려운 구름과 안개를 소개한 뒤, 성불암의 독특한 경물로는 늙은 대나무와 빽빽한 소나무 그리고 빈 돌 탑상이 있음을 지적하고 있다.

뒤의 작품은 불지(금수굴)을 그린 것으로, 봄철에 올라오니 거센 바람 속에서 수많은 산봉우리에 가득히 핀 꽃을 감상할 수 있고, 황금 약수를 석 잔 마시고 나니 자신을 불태우던 마음속의 온갖 번뇌가 일시에 사라지게 되는 현상을 포착하고 있다.

14. 한운성韓運聖의 시

한운성(1802-1863)은 조선 말 경주 출신의 문인으로, 자가 문오文五이고 호가 입헌立軒이며 본관이 청주淸州이다. 홍직필洪直弼의 문하에서 수학하였고, 문집 『입헌문집立軒文集』이 전한다.

〈금수金水〉[348)]

과아[349)]가 물에 나아가 작은 황금을 체질하고
한 잔[350)]이 모여 못이 되니 돌 구덩이가 깊구나.
신령한 자취는 완연히 황금을 던진 곳[351)]에 남아 있고
속된 사람에게 탐욕을 펴 담는 마음이 생기지 못하게 하네.

348) 한운성(韓運聖), 〈금수(金水)〉, 『입헌문집(立軒文集)』 권3, 「시(詩)」.

349) 과아(夸娥)는 우공이산(愚公移山) 설화에 나오는 신력의 소유자이다. 북산(北山)의 우공(愚公)이 앞에 산이 가로막혀 통행이 불편하였으므로 가족들과 함께 산을 옮기려고 매일 흙더미를 덜어내었는데, 이에 감동한 천제(天帝)가 신력(神力)의 소유자인 과아씨를 내려보내어 그 산을 등에 업고 다른 곳에 옮기게 했다는 설화가 『열자(列子)』 「탕문(湯問)」에 전한다.

초제[352]에 쓰는 악와[353]의 용마[354]는 비록 없지만

던지는 베틀 북처럼[355] 빠른 새를 물결 빛이 꿰뚫네.

피로를 푸는 술[356]은 나에게 능히 기운을 알게 하지만

끊어진 벼랑의 오솔길이라 찾아옴이 게으르네.

---

350) 일작(一勺)은 한 잔, 한 국자쯤의 수량을 뜻한다. 『중용(中庸)』 26장에 "이제 무릇 물이 한 국자씩 많이 모여서 헤아릴 수 없을 정도가 되면, 자라와 악어와 교룡과 어별이 살고 재화가 번식하게 된다(今夫水 一勺之多 及其不測 黿鼉蛟龍魚鱉生焉 貨財殖焉)."는 대목이 있다.

351) 투뢰(投瀨)는 투금뢰(投金瀨)의 준말로, 황금을 던진 여울이라는 뜻이다. 이 말은 춘추시대에 오자서(伍子胥)가 초(楚)나라에서 누명을 쓰고 쫓겨난 후 부친 오사(伍奢)와 형 오상(伍尙)의 원수를 갚기 위해 오나라로 도망가던 도중 뇌수[瀨水, 현재의 중국 강소성 율양현 서북에 있는 표수(溧水)를 가리킴]에서 빨래하는 여인을 만나 밥을 얻어먹은 뒤에 그녀에게 자신을 보았다는 말을 하지 말라고 당부하였다'. 의심을 받게 된 그녀는 뇌수에 몸을 던져 죽음으로써 자신의 정신(貞信)을 맹세하였다. 훗날 초나라를 초토화하고 부형의 원수를 갚은 뒤 오나라로 회군하던 도중 오자서는 뇌수 가에서 그녀의 죽음을 슬퍼하면서 백금(百金)을 뇌수에 던졌으므로 그곳을 투금뢰라고 부르게 되었다고 한다.

352) 초제(醮祭)는 나라에서 오성(五星)과 열수(列宿)에 지내는 도교식 제사이다.

353) 악와(渥洼)는 중국 감숙성(甘肅省) 안서현에 있는 시내 이름이다. 한(漢) 무제(武帝)가 여기에서 난 신기한 용마(龍馬)를 얻고 그 신기함을 찬양하며 〈태일가(太一歌)〉를 지었다.

354) 용마(龍馬)는 용의 머리에 말의 몸을 하고 있다는 전설상의 짐승이다. 중국 복희씨(伏羲氏) 때 황하(黃河)에서 팔괘(八卦)를 등에 싣고 나왔다고 한다.

355) 척사(擲梭)는 베를 짤 때 북을 이쪽저쪽으로 던지는 것을 이르는 말로, 빠름을 뜻한다.

356) 연각주(軟脚酒)는 피곤한 다리를 풀어 주어 쉬게 하는 술로, 먼 길을 떠났다가 돌아온 사람을 위해 마련하는 연석(宴席)을 뜻한다. 흔히 길 떠나는 사람에게 베푸는 술을 전음(餞飮)이라 하고, 여행에서 돌아온 사람에게 베푸는 술을 연각(軟脚)이라 한다.

夸娥臨水細篩金 一勺成泓石竇深
靈蹟宛餘投瀨地 俗人休起酌貪心
洼産縱無醮祭馬 波光全透擲梭禽
軟脚解余能識氣 斷崖微逕懶相尋

이 시는 불지(금수)의 외관과 그 영험에 초점을 맞추고 있다. 수련은 우공이산愚公移山 설화에 나오는 전설상의 괴력을 지닌 이인異人인 과아가 만든 불지의 못은 구덩이가 깊음을 설명하고, 함련은 못 속의 금은 춘추시대 오자서의 설화가 전하는 표수처럼 생성되었을 것이라 하면서 이곳은 황금을 가져가려고 하는 속된 마음의 소유자가 오면 안 된다는 점을 강조하고 있다. 경련은 불지의 신비한 영험으로 도교식 제사에 쓰이는 악와의 용마는 없지만 반짝이는 물빛에 반사된 새는 온통 투명해지는 현상이 있음을 보여 주고 있다. 미련은 이곳을 찾은 다음에 마시는 술 한 잔이 이곳의 영험한 기운을 알게 하지만 험한 벼랑에 자리한 곳이기에 찾아오기가 어려운 사정을 설명하고 있다.

5부

불지 주변의 석각 문자

1. "金濰 庚子初夏[김유. 경자년 초여름]" [1722년 4월]

경자년(1722) 초여름(음력 4월)에 김유(金濰, 1685-1748)가 불지암 터 뒤쪽에 새긴 글씨이다. 그는 1702년(숙종 28) 생원이 되고, 1710년 문과에 급제하여 한성부우윤·안동부사·사간원대사간을 역임하였다. 그가 천성산 불지를 방문한 계기가 무엇인지는 현재 확인하기 어렵다.

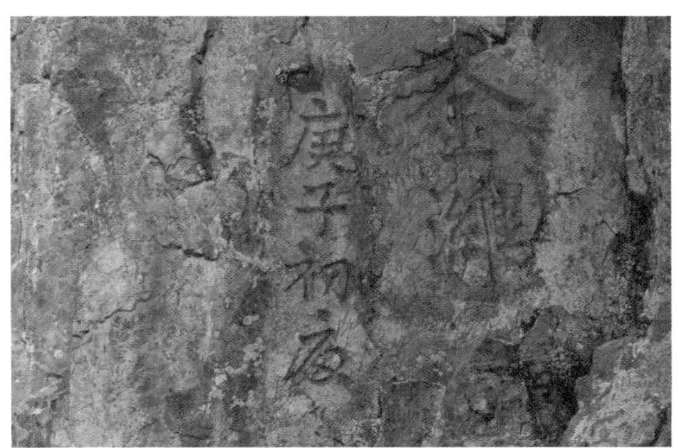

"金濰. 庚子初夏"(불지암 터 뒤, 암벽 석각)

2. "左御史柳綏[경상좌도 암행어사 유수]" [1723년 6월]

1723년 경상좌도 암행어사로 임명된 유수(柳綏, 1678-1756)가 양산 통도사를 방문한 길에 불지에 올라 불지암 터 옆 암벽에 새긴 글씨이다. 그는 이때 경상좌도를 암행 순찰하면서 부산과 양산 일대의 바위에 이름을 새겨 놓았다. 또 통도사의 청류교清流橋 옆 부도전 쪽 바위에 "柳綏 癸卯六月御史來(유수. 계묘년 6월에 어사로 오다)"라는 글씨를 새겨 놓았는데, 두 곳의 글씨체가 완전히 동일하다.

한편 유수의 초상은 보물(1726년 제작, 경기도 용인시 소재 경기도박물관 소장)로 지정되어 있다. 국가유산청의 국가유산 〈유수 초상〉 설명은 다음과 같다.

> 조선 중기 문신인 유수柳綏의 초상화로 크기는 가로 88㎝, 세로 165.5㎝이다. 유수는 경종 1년(1721)에 문과에 급제하여 통정대부에 올랐다.

유수 초상: 경기도박물관 소장

이 초상화는 의자에 앉아 오른쪽을 바라보는 전신상으로, 얼굴은 선으로 윤곽을 자연스럽게 묘사하여 온화한 성품을 표현하였다. 관리들이 쓰는 모자는 높게 만들어 당시의 모자 형태를 반영하였고 청록색 관복에 한 마리 학 문양의 흉배와 허리띠는 당시의 지위를 나타내준다. 의자에 깔린 호랑이 가-

▲"靑流洞. 柳綏 癸卯六月御史來"(통도사 부도전 옆, 암석 석각)
◀"左御史柳綏"(불지암 터 옆, 암벽 석각)

죽, 발 받침대 위의 돗자리 문양 등에서 영조(재위 1724-1776) 때 초상화의 양식적 특징을 볼 수 있다.

이 초상화는 영조 2년(1726)에 궁중 화가였던 진재해秦再奚가 그린 그림으로 초상화를 보관하는 함과 함께 전해진다. 제작 연대가 확실할 뿐만 아니라 궁중 화가인 진재해가 그려 18세기 초상화 화풍을 훌륭하게 표현한 것으로 주목할 만한 작품이다.

이 초상화에 쓰인 〈화상자찬畵像自贊〉은 다음과 같다.

어린 고아와 늙은 홀아비는
한 몸이 영락하여 의지할 곳이 없네.
마음을 다잡고 성질을 참아서
일찍이 간난과 신고身苦를 예비하였네.
첫 벼슬과 과거시험은
다만 어버이를 기쁘게 함이었네.
고개를 숙이지 않는 굳센 성격으로
발자취는 현요顯要한 자리를 사양하였네.
세상에 아부하지 않고
남에게 아양 떨지 않았네.
접촉하면 권귀權貴의 뜻을 거스르고
움직이면 문득 성냄을 만났네.
물러나 선영을 지키면서
안빈安貧하고 낙도樂道하여야겠네.
사업은 농사와 채마밭이요
경륜은 바둑과 낚시로구나.
언덕과 골짜기는 뜻에 맞고
용마루와 집은 점차 새로워지리.
다락 가운데서는 달을 볼 수 있고
검은 궤안几案에 각진 두건이로다.
성품이 옛글[357]을 즐기느라

뜻이 임금과 백성을 저버렸네.
부끄러움이 없기를 바라면서
자식 노릇 하고 신하 노릇 하리라.
장난삼아 화공의 솜씨를 빌려서
칠분七分의 초상을 남기노라.[358]
대숲에 부는 바람과 오동에 비친 달빛 같은
정신을 상상해 보네.
62세 기미년(1739) 정월 초7일 스스로 쓰다.

幼孤老獨 零丁一身
操心忍性 備嘗艱辛
筮仕科第 秖爲悅親
傲骨骯髒 跡謝要津

357) 분전(墳典)은 삼분(三墳)과 오전(五典)을 가리키는데, 삼황오제(三皇五帝)의 글로 성현이 저술한 책을 뜻한다.

358) 칠분유진(七分留眞)은 칠분(七分, 70%)의 진영(眞影), 곧 초상화로서 사람의 모습을 그림으로 잘 나타내었음을 뜻한다. 북송(北宋)의 정이(程頤, 1033-1107)가 『역전(易傳)』을 짓고서 문인들에게 주며 "단지 7분만 말한 것이니 배우는 사람들은 반드시 다시 스스로 살피고 궁구해야 한다(只說得七分 學者更須自體究)." 하였다. 문인(門人)인 장역(張繹)이 스승의 제문을 지으면서 그의 말을 인용하여 "선생의 말씀으로 문자에 드러난 것은 7분의 마음이 있고, 단청으로 그려진 것은 7분의 용모가 있다(先生有言見於文字者 有七分之心 繪於丹靑者 有七分之儀)." 하였다. 이 말은 글이나 그림으로는 그 사람의 7분밖에 나타낼 수 없음을 뜻한다.

不阿於世 不媚於人

觸忤權貴 動輒逢嗔

退守先壠 樂道安貧

稼圃事業 棋釣經綸

丘壑適意 棟宇維新

可月樓中 烏几角巾

性耽墳典 志負君民

庶幾無怍 爲子爲臣

戱倩畵手 七分留眞

竹風梧月 想像精神

六十二歲 己未正月初七日 自書

3. "李游夏(이유하)" [1809년경]

"李游夏"(불지암 터 옆, 암벽 석각)

이유하(李游夏, 1767-?)는 조선 후기의 문신으로, 자가 경학景學이다. 1786년(정조 10) 식년시에서 생원이 되고 1795년(정조 19년) 수원별시에서 문과에 병과로 급제했다. 42세 때인 1808년(순조 8) 7월에 양산군수로 부임하여 1810년(순조 10) 12월까지 재임하였으므로, 이 글씨는 재임 기간에 불지를 방문하여 새긴 것이 확실하다.

그는 대리, 곧 현재의 부산광역시 북구 구포 대리 마을의 하천에 제방을 쌓아 하천이 마을 외곽으로 돌아 흐르도록 하여 주민들에게 혜택을 베풀었으므로 1809년(순조 9) 주민들이 공덕비를 세웠다.

그는 1809년 통도사 대법당을 수리할 때 그 〈중수기重修記〉를 지었으니 그 글은 다음과 같다.

[〈통도사 대법당 중수기通度寺大法堂重修記〉[359] 전문]

양산 북쪽에 산이 있으니 축서산鷲棲山이요, 산 아래 절이 있으니 통도사인데 사바교주娑婆教主 석가세존의 신령한 뼈 사리를 갈무리한 곳이다. 세상에서 부처님을 일컫는 자들은 없다[무無]고도 하고 없어졌다[멸滅]고도 한다. 무無에서 비롯되었으나 능히 있지 않은 곳이 없고, 멸滅에서 비롯되었으나 능히 존재하지 않은 곳이 없다. 변화하여 천백억 가지의 몸이 되지만 불생불멸不生不滅하고, 오래되어 백천만 겁劫을 지나도 감추어진 듯 드러난 듯하다. 대체로 신통하고 오묘한 법法이 있어서 그런 것인가, 아닌가?

옛 자취를 살펴보니 당唐 정관貞觀 10년(636)에 신라의 자장율사慈藏律師라는 이가 도道를 구하러 중국의 청량산으로 들어가

359) 이 글은 『통도사지(通度寺誌)』, 아세아문화사, 1983, 173~174면에 수록되어 있다.

서 문수보살상文殊菩薩像을 배알하고 한 번 앉아 10일을 있노라니 문수보살의 화신化身이 찾아와 부처님의 머리뼈와 손가락뼈 및 전신사리全身舍利 100매, 비라금점가사毘羅金點袈裟 한 벌, 주패금엽경珠貝金葉經을 주면서 이르기를 "그대의 나라 남쪽 축서산 아래에는 독룡毒龍이 머무는 신비한 못이 있습니다. 그곳에 금강계단을 쌓고 그것들을 안치하여 중생의 복전福田으로 삼으십시오." 하였다. 돌아올 때가 되자 용왕이 배를 보호하였고, 신령한 비둘기가 터를 점지하는 이적異蹟이 있었다.

마침내 이 절을 건립하면서 한결같이 문수보살이 가르쳐 준 대로 하여 가운데에 보전寶殿을 세워 세존世尊 불상을 안치하고 구리와 철로 기와를 만들어 덮으니 매우 크고 화려하였다. 용 못[용추龍湫]이 그 동쪽에 있고 계단戒壇이 그 북쪽에 있는데, 종종 상서로운 기운이 하늘에서 빛나고 연꽃이 땅에 가득하였다.

부처님은 보배롭고 땅은 신령하여 기묘함을 머금고 신이神異함을 토해 내니, 어찌 이른바 불생불멸하고 감추어진 듯 드러난 듯하다는 것이 아니겠는가? 소동파[360]의 〈진상원사리탑명眞相院舍利塔銘〉[361]에 이르기를 "신기한 빛이 밤낮으로 층을 이룬 탑 꼭대기에서 피어오르네(神光晝夜發層巓)."라고 한 것이 이것이리라.

절은 선덕여왕 병오년(646)에 창건되고 그 해에 세존의 신구

信具를 갈무리하였으므로 불문佛門의 종찰宗刹로 전해 온다. 신라와 고려 이래로 대대로 수리하였는데, 우리 소경왕[昭敬王, 선조宣祖]의 임진왜란 때 절이 도적에 의해 불타서 사명대사四溟大師 유정[362]이 중건하여 옛 모습을 회복하였다.

내가 양산에 부임한 이듬해에 영월影月 우징瑀澄 스님이 우신宇伸·인규印奎·영수永守 등과 함께 모의하기를 "생각건대 우운友雲·진희眞熙·성능性能 등 여러 선사禪師가 서로 대를 이어 오며 우리 절에 큰 공덕이 있었습니다. 지금 돌이켜 보건대 연대가 오래되어 보전이 무너지고 상하여 사람과 천신天神이 애달파하고 팔부대중八部大衆이 탄식하니 선대 스님들의 공덕을 우리가 도모해야 합니다." 하였다. 마침내 발원하고 대중에게 서약

---

360) 동파(東坡)는 소식(蘇軾, 1036-1101)의 호(號)이다. 소식은 북송(北宋)의 문인·학자로 자는 자첨(子瞻)이다. 순(洵)의 아들, 철(轍)의 형이다. 이 3부자를 '삼소(三蘇)' 라고 부른다. 시로 정치를 풍자한 오대시안(烏臺詩案) 사건으로 투옥되고 폄적(貶謫)되었고, 구법당(舊法黨)인 사마광(司馬光)이 집권하자 다시 기용되어 한림학사(翰林學士)가 되는 등 신구법당의 정쟁에 휘말려 부침을 거듭하였다. 다양한 문체에 능통한 시문의 거장으로 송시(宋詩)를 대표하는 시인일 뿐 아니라 대표적 고문가로서 당송팔대가(唐宋八大家)의 일인으로 평가받았다.

361) 이 글의 원 제목은 〈제주 장청현 진상원 석가사리탑명(齊州長清縣眞相院釋迦舍利塔銘)〉이다.

362) 유정(惟政, 1544-1610)은 조선 중기 승려의 법명(法名)으로, 속명이 임응규(任應奎)이다. 법호는 사명당(四溟堂)·송운(松雲)·종봉(鍾峯)다. 승과에 급제하였으며 임진왜란 때는 승병을 이끌고 왜군과 싸워 공을 세웠다. 1604년에 사신으로 일본에 건너가 전란 때 잡혀간 3,000여 명의 포로를 데리고 돌아왔다.

하여 재물을 모으고 장인匠人을 모집하니 시주施主들이 모이고 많은 이들이 기꺼이 달려들었다. 썩고 손상된 서까래는 바꾸어 새롭게 하고 닳아 희미해진 단청은 칠하여 장식하였다. 모두 일곱 달이 지나서 공사가 끝났는데, 높은 구조물이 날 듯이 솟아서 바위와 골짜기에 휘황하게 비치니 산문山門의 크고 화려한 아름다움이 일시에 모습을 바꾸었다.

성규聖奎 스님과 나는 태전[363]과 같은 사귐을 맺었는데, 편지를 보내오기를 "무릇 불제자가 세존의 불전을 수리하는 일과 유가에서 공자의 사당을 수리하는 일이 어찌 다르겠습니까? 바라건대 한마디 말을 얻어서 절집의 고사故事로 삼고 싶습니다." 하였다. 나는 꽉 막힌 유학자라서 사찰 건물을 위하여 글을 짓고 싶지 않다고 사양하였으나 성규 스님이 이르기를 "이것 또한 그렇지 않습니다. 목은[364] 이상국李相國은 사리에 대해

363) 태전(太顚)은 중국 당(唐)나라 때의 승려이다. 처음에는 나부산(羅浮山)에서 살다가 뒤에 조양(潮陽)의 영산(靈山)으로 돌아갔다. 한유(韓愈)가 조주자사(潮州刺史)로 있을 적에 서로 왕래하며 승속을 초월한 친밀한 사귐을 맺었다.

364) 목은(牧隱)은 이색(李穡, 1328-1396)의 호(號)이다. 고려 말의 유명한 학자로 여말삼은(麗末三隱)의 한 사람으로 널리 알려져 있다. 가정(稼亭) 이곡(李穀)의 아들로 원(元)나라의 정시(庭試)에 뽑혀 국사원 편수관(國士院編修官)을 지내고, 귀국하여 벼슬이 판문하부(判門下部)에 이르고 한산군(韓山君)에 봉군되었다. 고려 말·조선 초기의 많은 유명 학자·문인·정치가들이 그의 문하(門下)에서 배출되었다. 문집으로 『목은시고(牧隱詩藁)』와 『목은문고(牧隱文藁)』가 있다.

기록하였고, 희암[365] 채학사蔡學士는 금강계단에 대해 기록하였습니다. 또한 지난날 위재[366] 주선생朱先生은 정오[367] 스님에게 크게 존승원尊勝院 불전佛殿에 대해 기록하여 주었습니다. 옛날의 이름난 석학들 또한 일찍이 물외物外의 교유가 있었습니다." 하였다. 억지로 손을 대어 마침내 그 말을 서술하여 통도사 대법당의 중수기로 삼는다.

성상聖上 즉위 10년(순조 9, 1809) 기사년[368] 음력 8월

연서도인蓮西道人 완산完山 이유하李游夏가 쓰다

梁之北 有山曰鷲棲 山之下 有寺曰通度 娑婆教主 釋迦世尊靈骨舍利之所藏也 世之稱佛者 曰無曰滅 始於無而能無所不有 始於滅而能無所不存 化而爲千百億身而不生不滅 久而歷百千萬劫而若隐若現 盖有神通妙法 其然乎 非耶

365) 희암(希菴)은 채팽윤(蔡彭胤, 1669-1731)의 호(號)이다. 그는 〈양산통도사석가부도비(梁山通度寺釋迦浮圖碑)〉『희암집(希菴集)』 권24를 지었다.

366) 위재(韋齋)는 주희(朱熹)의 부친 주송(朱松, 1097-1143)의 호이다. 자는 교년(喬年), 시호는 헌정(獻靖)이다. 벼슬은 복건(福建) 정화현위(政和縣尉)·저작랑(著作郎)·이부랑(吏部郎) 등을 지냈다.

367) 정오(淨悟)는 송대(宋代)의 승려로, 주희(朱熹)의 부친 주송(朱松)과 친밀하게 지냈다.

368) 도유대황락(屠維大荒落)은 고갑자(古甲子)로, 기사(己巳)를 뜻한다.

按其古蹟曰 唐貞觀十年 新羅慈藏律師者 求道入中國淸涼山謁文殊像 一坐十日 文殊化身而來 授以佛頭骨指節及全身舍利百枚 毗羅金點袈裟一領 珠貝金葉經曰 爾國之南鷲棲山下有毒龍神池爾 其築金剛戒壇而安之 爲衆生福田 及歸有龍王護船 靈鴿占基之異 遂建是寺 一依文殊指授 中立寶殿 安世尊像 銅鐵爲瓦 極其宏麗 龍湫在其東 戒壇在其北 往往瑞氣燭天 蓮花滿地 佛寶地靈 含奇吐異 豈所謂不生不滅 若隱若現者存耶 蘇東坡眞相院舍利塔銘曰 神光晝[369]夜發層巓者是耶

寺刹於善德王丙午 以其歲 藏世尊信具 故相傳爲佛門宗刹 羅麗以降 世加修治 我昭敬王壬辰之亂 寺爲賊所火 泗溟大師唯政 重建而復其舊 余莅梁之明年 影月瑀澄 與宇 伸印奎永守等師謀曰 唯我友雲眞熙性能諸禪師 相繼有大功德於吾寺 顧今年代寖遠 寶殿頹傷 人天惻怛 八部咨嗟 惟先師之功 我其圖之 遂發願誓衆 鳩財募工 檀家坌集 衆力歡趍 榱桷之朽傷者 易而新之 丹雘之浣泐者 塗而飾之 凡七易月 功乃訖 雲構飛聳 巖谷輝暎 山門巨麗之美 一時改觀

聖奎與余 有太巓之契 以書來曰 夫釋子之增修世尊殿 與儒家之增修夫子廟 何異 願得一言爲祇園故事 余辭以拘儒不欲爲

369) 원문(原文)에는 '夜(야)'로 되어 있으나 '晝(주)'의 오사(誤寫)이므로 바로잡았다.

寺觀作文字 奎曰 是亦非也 牧隱李相國記舍利矣 希庵蔡學士記戒壇矣 且昔朱韋齋先生 與淨悟師 屢爲之記尊勝佛殿 古之名碩 亦嘗爲物外之交矣 強以藉手 遂敍得其言 爲通度寺大法堂重修記

聖上十[370]年 歲在屠維大荒落 仲秋之月 蓮西道人 李游夏

4. 그 밖의 것들

불지암 터 옆의 암벽에 쓴 붉은 글씨 중에는 '供佛(공불)', '金水(금수)' 등의 글자가 남아 있다.

370) 원문(原文)에는 '七(칠)' 로 되어 있으나 '十(십)' 의 오사(誤寫)이므로 바로잡았다.

6부

후일담 : 사라진 불지를 다시 찾아내기까지의 탐색 여정

필자가 불지의 존재를 알고 그 위치를 확인해 보려는 생각은 이미 20년 전부터 가지고 있었다. 『한문학 속에 남아 있는 울산지역의 풍광과 풍류』(2005년)라는 책을 정리하면서 발견한 이양오의 〈중유원적산기〉를 읽으면서 불지 등 천성산의 여러 명소와 암자를 실제로 답사해 보려는 뜻을 가지게 되었다.

필자는 운흥사지를 찾아가 보고 조계암과 안적암을 답사한 뒤에 상리천 계곡을 따라 내려왔으나 불지로 가는 주요 장소인 '대둔점'의 위치를 찾지 못하였다. 그렇게 되니 이양오 일행의 일정에 포함된 '성불암 → 원적암[지금은 없어짐] → 견성암[지금은 없어짐] → 내원암 → 미타암 → 적수암 옛터[현재의 법수원/활산선원 자리] → 직연[稷淵, 현재의 혈소연폭포 아래 못인 핏소/혈소血沼] → 백명[현재의 백동/백홈 마을] → 용당 → 석계'로 돌아오는 코스에서 '대둔점 → 불지 → 성불암'의 노정이 오리무중이어서 결국 불지를 찾는 여정을 그만두고 말았다.

20년의 세월이 흐른 뒤 2023년 6월 5일로 기억된다. 최석영 교수와 함께 성파 종정 예하를 모시고 담화하는 자리에서 필자가 200여 년 전인 1800년에 경주와 울산의 선비들이 불지를 유람한 기행문이 있어서 그 현장을 다시 한번 찾아보고 싶다는 뜻을 표명하였더니, 큰스님께서는 '부처 불佛에, 못 지池'를 쓰는 곳이 있느냐고 하시면서 찾을 수 있으면 찾아보는 게 좋겠다는 격려의 말씀을 해 주셨다. 불지의 위치를 알고 있을 만한 몇 사람에게 그 소재지를 문의하니 그들은 대체로 불지는 미타암 뒤편의 동쪽을 향하여 열린 금수굴과, 원효 스님의 수도처이자 동학 교조 최제우 선생의 기도처로 알려진 적멸굴 중의 하나일 것이라고 하였다. 필자가 지인과 함께 그 두 곳을 답사해 보았으나 이양오의 기행문에 나온 불지와 위치가 일치하는 곳을 찾지 못하였다.

그러다가 지금의 노전암 자리가 신라의 원효 스님이 세운 대둔사가 있던 곳이며 폐사되고 난 뒤에 그 근처에 주/객점이 있었다는 사실을 알게 됨으로써 대둔점의 위치가 밝혀졌다. 마침 천성산의 버섯과 생태에 관심을 가지고 현장 조사를 계획하고 있던 울산대 최석영 명예교수에게 이양오 일행의 여행 코스를 알려주면서 함께 불지를 찾아보는 것이 어떠냐고 제안하니, 최 교수는 선뜻 그 말에 호응하여 노전암과 성불암 주변의 계곡과 능선을 낱낱이 걸어서 탐사하는 노고를 마다하지 않았다. 몇 달 동안 직장에 출근하듯이 천성산의 서북쪽 자락을 답파한 최

사라진 암자 추정 지도(최석영 교수 작성)

교수는 원적암, 견성암, 서암 등 사라진 암자 터까지 확인하는 성과를 거두면서 답사 코스를 일일이 지도에 표시하여 답사자로서의 치밀성을 과시하였다. 이 과정을 거쳐 수십 번의 답사 자료를 종합해 보니 불지는 성불암의 좌측 아니면 우측의 큰 바위 밑에 있다는 확신이 섰다.

9월 17일 일요일 영남 알프스 버섯연구회 회원들과 함께 성불암 좌측 바위 주변을 답사하였으나 못 찾고, 불지가 반대편에 있다는 결론을 얻어 그곳을 답사하기로 하였다. 추석 연휴 기간에 답사하여 드디어 불지를 발견하였다는 최 교수의 전갈을 듣고

2023년 10월 1일 일요일 오전 필자는 최 교수 및 서정원 사진작가와 함께 전인미답의 산길을 올라가서 마침내 거대한 바위 벼랑 밑에 숨어 있는 불지를 새로 찾은 감격을 맛보았다. 그 모습은 『삼국유사』에서 "포천산의 석굴은 기이하고 빼어나서 마치 사람이 깎은 것 같았다."라고 한 것과 실제 모습이 완전히 부합하였다. 1860년대 이후 한 번도 개인 기록에조차 등장하지 않은 불지가 세상에 모습을 드러낸 순간이었다. 까마득히 높은 바위 밑에 있어서 정시한이 『산중일기』에서 "바위의 형세가 너무 위태롭고 두렵게 억누르고 있어 마음이 편치 못하였다."고 표현한 기록이 적실한 느낌으로 다가왔다.

이튿날 불지의 발견 소식을 들으신 성파 종정 예하께서 그날 오후에 당장 불지를 답사하자고 하셔서 큰스님을 모신 우리 일행은 산봉우리의 8부 능선에 위치한 불지를 찾아가서 석굴 속의 황금빛 약수를 마시며 가파른 산기슭을 오르면서 흘린 땀을 식혔다.

주변 바위에 새겨진 "金濰 庚子初夏[김유. 경자년(1722) 초여름]"이라는 글씨에서 문과 급제자로서 한성부우윤·사간원대사간 등을 지낸 김유(1685-1748)가 다녀갔음을 알았고, "左御史柳綏[좌어사 유수]"라는 글씨에서 경상좌도 암행어사 유수(1678-1756)가 이곳에 들렀음을 알았다. 마침 통도사 경내 청류교 옆 부도전 쪽 바위에 새겨진 "柳綏 癸卯六月御史來(유수. 계묘년

6월에 어사로 오다)"라는 동일한 서체의 기록에서 그가 이곳에 온 시기가 1723년 6월이라는 사실을 확인하였다. 또 불지 옆 큰 바위에 "李游夏(이유하)"라는 큰 글씨가 새겨져 있는데, 이유하(1767-?)는 1808년 7월부터 1810년 12월까지 양산군수를 지낸 인물이었다.

큰 바위 밑의 암굴뿐 아니라 주변 바위의 각서를 통해서 이곳이 기록상의 불지임을 확인하였다. 게다가 이곳은 1980년 무렵까지 바위의 기운을 받으려고 많은 고시생이 공부하던 곳이라는 주민 이세열[65세, 양산시 하북면 용연리 거주] 씨의 이야기는 더욱 그 확실성을 보장해 주는 증언임이 분명하다.

참고 문헌

1. 자료資料

권이진權以鎭, 『유회당집有懷堂集』.

김재현金載顯, 『노계집蘆溪集』.

김정호金正浩, 『대동지지大東地志』.

남경희南景羲, 『치암집癡庵集』.

도영하都永夏, 『약오집藥塢集』.

박민효朴敏孝, 『상체헌집常棣軒集』.

손덕승孫德升, 『매호집梅湖集』.

오희창吳喜昌, 『율리소방栗里笑方』.

유의건柳宜健, 『화계집花溪集』.

유인목柳寅沐, 『양산군지梁山郡誌』.

윤기尹愭, 『무명자집無名子集』.

이근오李覲吾, 『죽오유집竹塢遺集』.

이만부李萬敷, 『식산집息山集』.

이양오李養吾, 『반계집磻溪集』.

이익만李翼萬, 『국포일고菊圃逸稿』.

이준민李俊民, 『학고유집鶴皐遺集』.

일연一然 스님, 『삼국유사三國遺事』

정시한丁時翰, 권오찬 외 2명 편찬, 『산중일기山中日記』, 원주시, 2012.
정시한丁時翰, 신대현 역주, 『산중일기』, 도서출판 혜안, 2005.
최수崔琇, 『가암문집稼庵文集』.
한운성韓運聖, 『입헌문집立軒文集』.
홍만선洪萬選, 『산림경제山林經濟』.
『경남 지지조서』(1914).
『사마방목司馬榜目』
『세종실록 지리지世宗實錄地理志』.
『신증동국여지승람新增東國輿地勝覽』.
『양산군지梁山郡誌』.
『여지도서輿地圖書』.
『울산읍지蔚山邑誌』(1934년 본).
『조선지지자료』(1914).
『조선지형도』(1912-1914).
『통도사지通度寺誌』(영인), 아세아문화사, 1983.

2. 논저論著

경봉 스님, 「양산梁山의 신금강新金剛」, 『축산보림鷲山寶林』 3호, 축산보림사, 1920.
김병욱, 「음운 규칙의 예외에 대한 연구 -강화·김포 지명어를 중심으로-」, 『지명학』 2, 한국지명학회, 1999.
문명대, 「포천산 석굴고」, 『동국사학』 11, 동국사학회, 1969.

박극수, 「천성산 역사 정립은 우리의 사명이다」, 『양산신문』, 2023.11.29.
배상현, 「고려시대 사원 촌락 연구」, 『국사관논총』 87집, 국사편찬위원회, 1999.
성범중, 「새로 발견한 천성산의 불지와 불지암」, 『축산보림』 1월~3월호, 통도사, 2025.
성범중, 「심신의 치유 공간으로서의 천성산 불지」, 천성산 생태숲길 유라시아 세미나, 2025.11.7.
성범중, 『한문학에 속에 남아 있는 울산지역의 풍광과 풍류』, 울산대학교 출판부, 2005.
이근열, 「근대 지명 자료에 나타난 양산 지명 연구」, 『지명학』 33, 한국지명학회, 2020.12.
이정신, 『고려시대의 특수행정구역 소所 연구』, 혜안, 2013.
『한국 역대 서화가 사전』, 국립문화재연구소, 2011.
『한국韓國의 미美』 21, 『단원檀園 김홍도金弘度』, 중앙일보사, 1985.